THE INTERNATIONAL MATHEMATICAL OLYMPIAD

数学オリンピック
2014〜2018

公益財団法人 数学オリンピック財団 監修

日本評論社

まえがき

　本書は，第 24 回 (2014) 以後の 5 年間の日本数学オリンピック (JMO) の予選・本選，および第 55 回 (2014) 以後の 5 年間の国際数学オリンピック (IMO)，さらに第 30 回 (2018) アジア太平洋数学オリンピック (APMO)，2017 年 11 月実施のヨーロッパ女子数学オリンピック (EGMO) の日本代表一次選抜試験と第 7 回大会で出題された全問題とその解答などを集めたものです．

　巻末付録の 6.1，6.2，6.3，6.4 では，JMO の予選・本選の結果，APMO と EGMO および IMO での日本選手の成績を記載しています．6.5 には，2014～2018 年の日本数学オリンピック予選・本選，国際数学オリンピックの出題分野別リストを掲載しています．

　また，巻末付録 6.6 の「記号，用語・定理」では，高校レベルの教科書などではなじみのうすいものについてのみ述べました．なお，巻末付録 6.7 では，JMO，JJMO についての参考書を紹介してあります．6.8 は，第 29 回日本数学オリンピック募集要項です．

　なお，本書に述べた解答は最善のものとは限らないし，わかりやすくないものもあるでしょう．よって，皆さんが自分で工夫し解答を考えることは，本書の最高の利用法の一つであるといえましょう．

　本書を通して，皆さんが数学のテーマや考え方を学び，数学への強い興味を持ち，日本数学オリンピック，さらには国際数学オリンピックにチャレンジするようになればと願っています．

公益財団法人　数学オリンピック財団 理事長

森田 康夫

日本数学オリンピックの行事

(1)　国際数学オリンピック
The International Mathematical Olympiad : IMO

1959 年にルーマニアがハンガリー，ブルガリア，ポーランド，チェコスロバキア (当時)，東ドイツ (当時)，ソ連 (当時) を招待して，第 1 回 IMO が行われました．以後ほとんど毎年，参加国の持ち回りで IMO が行われています．次第に参加国も増えて，イギリス，フランス，イタリア (1967)，アメリカ (1974)，西ドイツ (当時) (1976) が参加し，第 20 回目の 1978 年には 17 ヶ国が，そして日本が初参加した第 31 回 (1990) の北京大会では 54 ヶ国が，2003 年の日本大会では 82 ヶ国，457 名の生徒が世界中から参加し，名実ともに世界中の数学好きの少年少女の祭典となっています．

IMO の主な目的は，すべての国から数学的才能に恵まれた若者を見いだし，その才能を伸ばすチャンスを与えること，また世界中の数学好きの少年少女および教育関係者であるリーダー達が互いに交流を深めることです．IMO の大会は毎年 7 月初中旬の約 2 週間，各国の持ち回りで開催しますが，参加国はこれに備えて国内コンテストなどで 6 名の代表選手を選び，団長・副団長らとともに IMO へ派遣します．

例年，団長等がまず開催地へ行き，あらかじめ各国から提案された数十題の問題の中から IMO のテスト問題を選び，自国語に訳します．その後，選手 6 名が副団長とともに開催地に到着します．

開会式があり，その翌日から 2 日間コンテストが朝 9 時から午後 1 時半まで (4 時間半) 行われ，選手達はそれぞれ 3 問題，合計 6 問題を解きます．コンテストが終わると選手は国際交流と観光のプログラムに移ります．団長・副団長らはコンテストの採点 (各問 7 点で 42 点満点) と，その正当性を協議で決めるコーディネーションを行います．開会より 10 日目頃に閉会式があり，ここで成績優秀者に金・銀・銅メダルなどが授与されます．

(2) アジア太平洋数学オリンピック
The Asia Pacific Mathematics Olympiad：APMO

APMO は 1989 年にオーストラリアやカナダの提唱で西ドイツ国際数学オリンピック (IMO) 大会の開催中に第 1 回年会が開かれ，その年に 4 ヶ国 (オーストラリア，カナダ，香港，シンガポール) が参加して第 1 回アジア太平洋数学オリンピック (APMO) が行われました．

以後，参加国の持ち回りで主催国を決めて実施されています．第 2 回には 9 ヶ国が参加し，日本が初参加した 2005 年第 17 回 APMO では 19 ヶ国，今年の第 30 回 APMO は 39 ヶ国が参加しています．

APMO のコンテストは，参加国の国内で参加国ほぼ同時に行われ，受験者数に制限はありませんが，国際的ランクや賞状は各国国内順位 10 位までの者が対象となります．その他の参加者の条件は IMO と同じです．

コンテスト問題は参加各国から 2〜3 題の問題を集めて主催国と副主催国が協議して 5 問題を決定します．

コンテストの実施と採点は各国が個別に行い，その上位 10 名までの成績を主催国へ報告します．そして主催国がそれを取りまとめて，国際ランクと賞状を決定します．

APMO は毎年以下のようなスケジュールで実施されています．
- 7 月　参加希望国が主催国へ参加申し込みをする．IMO 開催中に年会が開かれる．
- 8 月　参加国は 2〜3 題の候補問題を主催国へ送る．
- 翌年 1 月　主催国がコンテスト問題等を参加各国へ送る．
- 3 月　第 2 火曜日 (アメリカ側は月曜日) に参加国の自国内でコンテストを実施する．
- 4 月　各国はコンテスト上位 10 名の成績を主催国へ送る．
- 5 月末　主催国より参加各国へ国際順位と賞状が送られる．

(3) ヨーロッパ女子数学オリンピック
European Girls' Mathematical Olympiad : EGMO

公益財団法人数学オリンピック財団 (JMO) は，女子選手の育成を目的として，2011 年から中国女子数学オリンピック China Girls Math Olympiad (CGMO) に参加してきました．しかし，2013 年は鳥インフルエンザの問題などで中国からの招待状も届かず，不参加となりました．

一方，イギリスにおいて，CGMO の大会と同様の大会をヨーロッパでも開催したいとの提案が，2009 年にマレーエドワーズカレッジのジェフ・スミス氏によって英国数学オリンピック委員会に出され，国際女性デー 100 周年の 2011 年 3 月 8 日に公式に開催が発表されました．そして，2012 年 4 月に第 1 回 European Girls' Mathematical Olympiad (EGMO) が英国ケンブリッジ大学のマレーエドワーズカレッジで開催され，第 2 回は 2013 年 4 月にオランダのルクセンブルクで開催されました．各国は 4 名の代表選手で参加します．

数学オリンピック財団としては，大会としてテストの体制，問題の作成法やその程度，採点法など IMO に準じる EGMO に参加する方が，日本の数学界における女子選手の育成に大きな効果があると考え，参加を模索していましたが，2014 年の第 3 回トルコ大会から参加が認められました．

毎年 11 月に EGMO の一次選抜試験を実施し，翌年 1 月の JMO 予選の結果を考慮して日本代表選手を選抜し 4 月にヨーロッパで開催される大会に派遣します．

(4)　日本数学オリンピックと日本ジュニア数学オリンピック
The Japan Mathematical Olympiad：JMO
The Japan Junior Mathematical Olympiad：JJMO

前記国際オリンピック (IMO) へ参加する日本代表選手を選ぶための日本国内での数学コンテストが，この日本数学オリンピックと日本ジュニア数学オリンピックです．

JMO 及び JJMO の募集期間は 6 月 1 日から 10 月 31 日までです (募集要項は 4 月から配布します (付録 6.8 参照))．そして毎年 1 月の成人の日に，全国都道府県に設置された試験場にて，JMO 及び JJMO の予選を午後 1 時 〜 4 時の間に行い (12 題の問題の解答のみを 3 時間で答えるコンテスト，各問 1 点で 12 点満点)，成績順にそれぞれ約 100 名を A ランク，a ランクとし，さらに，予選受験者の約半数までを B ランク，b ランクとします．そして，A ランク者・a ランク者を対象として，JMO 及び JJMO の本選を 2 月 11 日の建国記念の日の午後 1 時 〜 5 時の間に行い (5 題の問題を記述して 4 時間で答えるコンテスト)，成績順に JMO では，約 20 名を AA ランク者，JJMO では約 10 名を aa ランク者として表彰します．JMO では金メダルが優勝者に与えられ，同時に優勝者には川井杯 (優勝者とその所属校とにレプリカ) が与えられます．

JMO の AA ランク者および JJMO の aaa ランク者 (5 名) は，3 月に 7 日間の春の合宿に招待され，合宿参加者の中からそこでのテストの結果に基いて，4 月初旬に IMO への日本代表選手 6 名が選ばれます．

(5) 公益財団法人数学オリンピック財団
The Mathematical Olympiad Foundation of Japan

　日本における国際数学オリンピック (IMO) 派遣の事業は 1988 年より企画され，1989 年に委員 2 名が第 30 回西ドイツ大会を視察し，1990 年の第 31 回北京大会に日本選手 6 名を役員とともに派遣し，初参加を果たしました．

　初年度は，任意団体「国際数学オリンピック日本委員会」が有志より寄付をいただいて事業を運営していました．その後，元協栄生命保険株式会社の川井三郎名誉会長のご寄付をいただき，さらに同氏の尽力によるジブラルタ生命保険株式会社，富士通株式会社，株式会社アイネスのご寄付を基金として，1991年 3 月に文部省 (現文部科学省) 管轄の財団法人数学オリンピック財団が設立されました (2013 年 4 月 1 日より公益財団法人数学オリンピック財団)．以来この財団は，IMO 派遣などの事業を通して日本の数学教育に多大の貢献をいたしております．

　数学オリンピックが，ほかの科学オリンピックより 10 年以上も前から，世界の仲間入りができたのは，この活動を継続して支えてくださった数学者，数学教育関係者達の弛まぬ努力に負うところが大きかったのです．

　なお，川井三郎氏は日本が初めて参加した「IMO 北京大会」で，日本選手の健闘ぶりに大変感激され，数学的才能豊かな日本の少年少女達のために，個人のお立場で優勝カップをご寄付下さいました．

　このカップは「川井杯」と名付けられ，毎年 JMO の優勝者に持ち回りで贈られ，その名前を刻み永く栄誉を讃えています．

目次

第 1 部　日本数学オリンピック　予選   **1**

   1.1   第 24 回 日本数学オリンピック 予選 (2014) ································· 2

   1.2   第 25 回 日本数学オリンピック 予選 (2015) ······························· 19

   1.3   第 26 回 日本数学オリンピック 予選 (2016) ······························· 32

   1.4   第 27 回 日本数学オリンピック 予選 (2017) ······························· 45

   1.5   第 28 回 日本数学オリンピック 予選 (2018) ······························· 58

第 2 部　日本数学オリンピック　本選   **73**

   2.1   第 24 回 日本数学オリンピック 本選 (2014) ······························· 74

   2.2   第 25 回 日本数学オリンピック 本選 (2015) ······························· 80

   2.3   第 26 回 日本数学オリンピック 本選 (2016) ······························· 88

   2.4   第 27 回 日本数学オリンピック 本選 (2017) ······························· 96

   2.5   第 28 回 日本数学オリンピック 本選 (2018) ······························ 103

第 3 部　アジア太平洋数学オリンピック   **113**

   3.1   第 30 回 アジア太平洋数学オリンピック (2018) ···························· 114

第 4 部　ヨーロッパ女子数学オリンピック   **127**

   4.1   第 7 回 ヨーロッパ女子数学オリンピック

       日本代表一次選抜試験 (2018) ·· 128

   4.2   第 7 回 ヨーロッパ女子数学オリンピック (2018) ·························· 132

第 5 部　国際数学オリンピック   **143**

   5.1   IMO 第 55 回 南アフリカ大会 (2014) ······································ 144

   5.2   IMO 第 56 回 タイ大会 (2015) ··· 154

   5.3   IMO 第 57 回 香港大会 (2016) ··· 165

   5.4   IMO 第 58 回 ブラジル大会 (2017) ··· 176

   5.5   IMO 第 59 回 ルーマニア大会 (2018) ······································ 188

viii 目次

第 6 部　付録　　197

6.1　日本数学オリンピックの記録 ………………………………………… 198

6.2　APMO における日本選手の成績 …………………………………… 203

6.3　EGMO における日本選手の成績 …………………………………… 206

6.4　IMO における日本選手の成績 ……………………………………… 207

6.5　2014 年 ～ 2018 年数学オリンピック出題分野 …………………… 210

6.5.1　日本数学オリンピック予選 ………………………………… 210

6.5.2　日本数学オリンピック本選 ………………………………… 212

6.5.3　国際数学オリンピック ……………………………………… 213

6.6　記号，用語・定理 …………………………………………………… 214

6.6.1　記号 …………………………………………………………… 214

6.6.2　用語・定理 …………………………………………………… 215

6.7　参考書案内 …………………………………………………………… 222

6.8　第 29 回日本数学オリンピック募集要項 ………………………… 224

第1部

日本数学オリンピック 予選

1.1 第24回 日本数学オリンピック 予選 (2014)

● 2014 年 1 月 13 日 [試験時間 3 時間, 12 問]

1.　円 C_1 が円 C_2 に点 A で内接している. 円 C_2 の中心を点 O とする. 円 C_1 上に点 P があり, P での円 C_1 の接線は O を通っている. 半直線 OP と円 C_2 の交点を Q とし, 点 A を通る円 C_1 の接線と直線 OP の交点を R とする. 円 C_2 の半径が 9 で, PQ = QR のとき, 線分 OP の長さを求めよ. ただし, XY で線分 XY の長さを表すものとする.

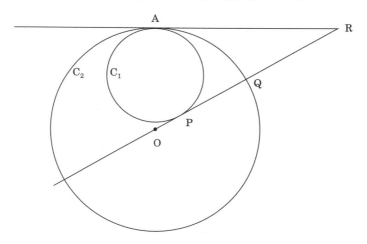

2.　正 8 角形があり, その頂点に 1 以上 8 以下の整数を 1 つずつ書き込む. このとき, 以下の 2 条件をみたすような書き込み方は何通りあるか. ただし, 回転や裏返しにより一致する書き込み方も異なるものとして数える.

- 書き込まれた数はすべて異なる.

- 隣りあう 2 頂点に書き込まれた数は互いに素である.

3. 10! の正の約数 d すべてについて $\dfrac{1}{d+\sqrt{10!}}$ を足し合わせたものを計算せよ.

4. 円周上に 6 点 A, B, C, D, E, F がこの順にあり，線分 AD, BE, CF は一点で交わっている．AB $= 1$, BC $= 2$, CD $= 3$, DE $= 4$, EF $= 5$ のとき，線分 FA の長さを求めよ.

　　ただし，XY で線分 XY の長さを表すものとする.

5. $a+b+c=5$ をみたす非負整数の組 (a,b,c) すべてについて

$$_{17}\mathrm{C}_a \cdot {}_{17}\mathrm{C}_b \cdot {}_{17}\mathrm{C}_c$$

を足し合わせたものを計算せよ．ただし，解答は演算子を用いず数値で答えること.

6. 2 つの黒板 A, B があり，それぞれの黒板に 2 以上 20 以下の相異なる整数がいくつか書かれている．A に書かれた数と B に書かれた数を 1 つずつとってくると，その 2 つは必ず互いに素になっている．このとき，A に書かれている整数の個数と B に書かれている整数の個数の積としてありうる最大の値を求めよ.

7. ある学校には 4 人からなる委員会がある．委員会には 4 つの係があり，それぞれの委員に相異なる係が割り当てられる．各委員には希望する係が 2 つずつあり，委員全員を希望する係に割り当てる方法がちょうど 2 通りあるという．このとき，4 人の委員の希望としてありうる組み合わせは何通りか.

8. どの桁も 0 でない 1000 桁の正の整数 m と，m 以下の正の整数 n について，$\left[\dfrac{m}{n}\right]$ に現れる 0 である桁の個数としてありうる最大の値を求めよ.

　　ただし，実数 r に対して r を超えない最大の整数を $[r]$ で表す.

4   第 1 部 日本数学オリンピック 予選

9.　　正方形 ABCD があり，その対角線の交点を O とする．線分 OA, OB, OC, OD 上にそれぞれ点 P, Q, R, S があり，OP = 3, OQ = 5, OR = 4 をみたしている．直線 AB と直線 PQ の交点，直線 BC と直線 QR の交点，直線 CD と直線 RS の交点が同一直線上にあるとき，線分 OS の長さを求めよ．ただし，XY で線分 XY の長さを表すものとする．

10.　　55×55 のマス目に対して，以下の操作を考える．

　　操作：いくつかのマスで構成される長方形の領域を 1 つ選び，その領域を白または黒のいずれか 1 色で塗る．

すべてのマスが白に塗られている状態から，次の 3 条件をみたす状態にするために必要な操作の回数の最小値を求めよ：

- 左上隅のマスは黒で塗られている．

- 黒で塗られたマスと辺を共有しているマスは，すべて白で塗られている．

- 白で塗られたマスと辺を共有しているマスは，すべて黒で塗られている．

11.　　6×6 のマス目があり，その各マスに 1 以上 6 以下の整数を書き込む．1 以上 6 以下の整数 i, j に対し，第 i 行第 j 列のマスに書き込まれた整数を $i \Diamond j$ と表すとき，以下の 2 条件をみたすように整数を書き込む方法は何通りあるか：

- 任意の 1 以上 6 以下の整数 i に対し，$i \Diamond i = i$ が成り立つ．

- 任意の 1 以上 6 以下の整数 i, j, k, l に対し，$(i \Diamond j) \Diamond (k \Diamond l) = i \Diamond l$ が成り立つ．

12.　　次の条件をみたす最大の正の整数 m を求めよ：

　　(相異なるとは限らない) 1 以上 1000 以下の $2m$ 個の整数 $i_1, \cdots, i_m, j_1, \cdots, j_m$ が存在し，$a_1 + \cdots + a_{1000} = 1$ をみたす任意の

非負実数 $a_1, \cdots, a_{1000}$ に対して
$$a_{i_1}a_{j_1} + \cdots + a_{i_m}a_{j_m} \leq \frac{1}{2.014}$$
が成り立つ．

解答

【1】　[解答：3]

直線 RA, RP は円 C_1 にそれぞれ点 A, P で接しているので，AR = PR である．また，直線 OQ と円 C_2 の Q ではない方の交点を S とおくと，方べきの定理より，$AR^2 = SR \cdot QR$ である．AR = PR = 2QR より，$SR = \frac{AR^2}{QR} = \frac{(2QR)^2}{QR} = 4QR$ となり，SQ = SR − QR = 3QR を得る．ここで，SQ は円 C_2 の直径なので，$3QR = SQ = 9 \cdot 2 = 18$ となり，QR = 6 を得る．よって，OP = OQ − PQ = OQ − QR = 9 − 6 = **3** である．

【2】　[解答：576 通り]

1 以上 8 以下の整数のうち偶数は 4 個，奇数は 4 個である．偶数どうしは互いに素でないから，隣りあう 2 頂点にともに偶数が書き込まれることはなく，偶数と奇数を交互に書き込まなければならない．1 以上 8 以下の整数のうち偶

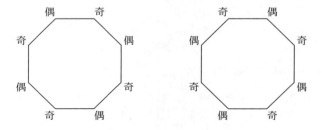

数 2, 4, 6, 8 のみを書き込む方法は左右の図それぞれにつき 4! = 24 通り存在し，

6　第 1 部　日本数学オリンピック 予選

合わせて $2 \cdot 24 = 48$ 通りである.

　偶数の書き込み方を決めたときに，条件をみたすように奇数 $1, 3, 5, 7$ を書き込む場合の数を求める. 3 と 6 は互いに素でないので，3 を書き込む頂点は 6 を書き込んだ頂点と隣りあわない. よって，3 を書き込む頂点は 2 通り考えられる. また，1 以上 8 以下の奇数と偶数の組は $(3, 6)$ 以外互いに素なので，残りの奇数 $1, 5, 7$ の書き込み方 $3! = 6$ 通りすべてについて条件がみたされる. したがって，偶数を書き込む方法それぞれに対し，奇数を書き込む方法は $2 \cdot 6 = 12$ 通り.

　以上より，条件をみたす書き込み方は全部で $48 \cdot 12 = \mathbf{576}$ 通りである.

【3】　[解答：$\dfrac{3}{16\sqrt{7}}$]

　$10! = 2^8 \cdot 3^4 \cdot 5^2 \cdot 7$ より，$10!$ の正の約数の個数は $(8+1) \cdot (4+1) \cdot (2+1) \cdot (1+1) = 270$. ここで $10!$ の約数を小さい方から順に $d_1, d_2, \cdots, d_{270}$ とすると，$k = 1, 2, \cdots, 270$ について

$$d_k d_{271-k} = 10!$$

であるから，

$$\frac{1}{d_k + \sqrt{10!}} + \frac{1}{d_{271-k} + \sqrt{10!}} = \frac{d_k + d_{271-k} + 2\sqrt{10!}}{\sqrt{10!}(d_k + d_{271-k}) + 2 \cdot 10!} = \frac{1}{\sqrt{10!}}$$

が得られる. よって，求める和は

$$\frac{1}{2} \sum_{k=1}^{270} \left(\frac{1}{d_k + \sqrt{10!}} + \frac{1}{d_{271-k} + \sqrt{10!}} \right) = \frac{1}{2} \cdot 270 \cdot \frac{1}{\sqrt{10!}} = \frac{\mathbf{3}}{\mathbf{16\sqrt{7}}}$$

となる.

【4】　[解答：$\dfrac{15}{8}$]

　線分 AD, BE, CF の交点を P とする. まず円周角の定理より $\angle$PBA $= \angle$PDE で，また $\angle$BPA $= \angle$DPE なので，三角形 PBA と三角形 PDE は相似. よって PA : PE $=$ BA : DE $= 1 : 4$ となる. 同様に PE : PC $=$ EF : CB $= 5 : 2$, PC : PA $=$ DC : FA である. よって PC : PA $= 8 : 5$ なので，FA $= \dfrac{5}{8} \cdot$ DC $= \dfrac{\mathbf{15}}{\mathbf{8}}$ となる.

1.1. 第 24 回 日本数学オリンピック 予選 (2014)　7

【5】　[解答：2349060]

xy 平面上の $(0,0)$ から x 軸方向に 1 進むか y 軸方向に 1 進むかを繰り返して $(46,5)$ まで辿り着くような経路について考える．このとき，直線 $x+y=17$ 上で通った点が $(17-a,a)$，直線 $x+y=34$ 上で通った点が $(34-a-b,a+b)$ であるような経路の数は $_{17}C_a \cdot _{17}C_b \cdot _{17}C_c$ $(a+b+c=5)$ である．よって，求める値はこの経路の総数であり，$_{51}C_5 = \mathbf{2349060}$ である．

【6】　[解答：65]

黒板 A に書かれている整数の集合を A，黒板 B に書かれている整数の集合を B とする．また，集合 X の元の個数を $|X|$ と表す．このとき，

$$A = \{2,3,4,5,6,8,9,10,12,15,16,18,20\}, \quad B = \{7,11,13,17,19\}$$

とすると A の任意の元と B の任意の元は互いに素であるので条件をみたし，$|A||B|$ は 65 である．これが最大であることを示す．

以下，$|A||B|$ が 66 以上と仮定して矛盾を導く．$|A|+|B| \geqq 2\sqrt{|A||B|} \geqq 2\sqrt{66}$ より $|A|+|B|$ が 17 以上である．よって 2 以上 20 以下の整数のうち A にも B にも属さないのは 2 個以下であるので，6, 12, 18 のうち少なくとも 1 つは A, B のいずれかに属す．それは A だとして一般性を失わない．A の任意の元と B の任意の元が互いに素なので，ある整数の倍数が A, B の両方に属することはない．よって，2 の倍数が属するのは A, B のうち高々一方であり，3 の倍数が属するのも A, B のうち高々一方である．いま A に 6, 12, 18 のうちの少なくとも 1 つが属しているので，2 の倍数，3 の倍数はすべて A に属していることがわかる．ここで，2 以上 20 以下の整数のうち 2 の倍数でも 3 の倍数でもないものは 5, 7, 11, 13, 17, 19 の 6 個であるので，$|B| \leqq 6$ である．$|B| \leqq 4$ とすると，$|A||B| \leqq (19-|B|)|B| \leqq 60$ となるので，$|B| = 5$ または $|B| = 6$ である．

- $|B| = 5$ のとき

  5, 7, 11, 13, 17, 19 のうちの 5 個が B に属するので，5 または 7 が B の元となる．よって，10 または 14 は A に属さないので，$|A| \leqq 13$ であり，$|A||B| \geqq 66$ に矛盾する．

8　第 1 部　日本数学オリンピック 予選

- $|B| = 6$ のとき

  $B = \{5, 7, 11, 13, 17, 19\}$ であるので，5 の倍数と 7 の倍数は A に属さない．つまり，10, 14, 15, 20 は A に属さないので，$|A| \leqq 9$ であり，$|A||B| \geqq 66$ に矛盾する．

以上よりいずれの場合も矛盾するので，$|A||B|$ のとりうる最大の値は **65** である．

【7】　[解答：936 通り]

4 つの係を 4 つの点とみなす．4 人の委員は，希望する 2 つの係を結ぶ辺に対応させる．すべての点がちょうど 1 回ずつ選ばれるように，各辺についてその端点の 1 つを選ぶ方法を**上手い選び方**という．問題の条件をみたす割り当て方は，上手い選び方に対応する．各点について，その点を端点の 1 つとする辺の本数をその点の**次数**とよぶ．

上手い選び方が存在する場合について考え，これを状態 S_0 とする．どの係にもそれを希望する人が存在するので，すべての点の次数は正である．次数が 1 の点が存在するとき，その点およびその点を端点の 1 つとする辺を取り除く操作を考える．このとき，この操作の前後で上手い選び方の場合の数は変わらない．なぜならば，取り除く前の点と辺について上手い選び方を考えた場合に，取り除かれた辺に対しては取り除かれた点を選ぶ必要があるからである．同様の操作を繰り返し，すべての点の次数が 2 以上になった状態を S_1 とする．状態 S_1 において k 個の点と k 本の辺が残っているとき，すべての点の次数の和は辺の本数の 2 倍，すなわち $2k$ である．一方，すべての点の次数は 2 以上であったので，すべての点の次数は 2 であることがわかる．

状態 S_1 において，ある点から始めて，辺を辿って別の点に移動していくことを考える．ただし，直前に辿った辺を逆向きに辿ることはしない．すべての点の次数は 2 であるので，行き止まることはなく，有限回辿ることで初めの点に戻ってくる．また，通った点のいずれも，通った辺以外の辺の端点にはなっていない．よって，通った点と辺をまとめて取り除くことができる．取り除いた点と辺を**サイクル**とよぶ．すべての点と辺が取り除かれるまで，同様にサイクルを取り除くことを繰り返すと，状態 S_1 における点と辺をいくつかのサイクルに分けることができる．

ここで，上手い選び方の場合の数を求める．ある辺について端点を選ぶと，同じサイクルに含まれる他の辺に対しては，端点の選び方がただ 1 通りに定まる．よってサイクルが n 個あるとすると，上手い選び方は 2^n 通りである．問題の条件から，サイクルは 1 つであることがわかる．

状態 S_1 においてサイクルが 1 つであるような，S_0 における点と辺の結び方の場合の数を求める．サイクルに含まれる点の個数で場合分けをする．

- サイクルに含まれる点の個数が 4 のとき，

点と辺の結び方の場合の数は，点の配置が 3 通り，点の配置を決めたときの辺の配置が $4! = 24$ 通りなので，$3 \cdot 24 = 72$ 通り．

- サイクルに含まれる点の個数が 3 のとき，

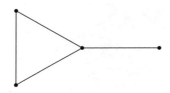

サイクルに含まれる点の選び方が 4 通り．サイクルに含まれない点と結ばれる点が 3 通り．点の配置を決めたときの辺の配置が $4! = 24$ 通りなので，$4 \cdot 3 \cdot 24 = 288$ 通り．

- サイクルに含まれる点の個数が 2 のとき，サイクルに含まれる点の選び方が 6 通り．その 2 つの点を A, B とおく．残りの 2 点の配置を考える．
- 2 点が，A, B とそれぞれ結ばれているとき，

2点のうちどちらが A と結ばれているかの 2 通り.

- 2点とも A と結ばれているとき,あるいは B と結ばれているとき

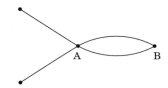

それぞれ 1 通りであり,合わせて 2 通り.

- 2点のうち 1 点 C が A または B と結ばれていて,もう 1 点は C と結ばれているとき,

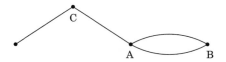

2点のうちどちらが C であるか,C は A と B のうちどちらと結ばれているかの $2 \cdot 2 = 4$ 通り.

よって,合わせて $2+2+4 = 8$ 通り.したがって,サイクルに含まれる点の個数が 2 のときの点の配置は $6 \cdot 8 = 48$ 通り.点の配置を決めたときの辺の配置は,サイクル以外の辺を決めればよく,$4 \cdot 3 = 12$ 通り.したがって,$48 \cdot 12 = 576$ 通り.

以上より,上手い選び方が 2 通りであるような点と辺の結び方は $72 + 288 + 576 = \mathbf{936}$ 通りである.

1.1. 第 24 回 日本数学オリンピック 予選 (2014)　11

【8】　[解答：939]

　求める最大の値を M とおく．まず $M \leqq 939$ を示す．m, n を問題文の条件をみたす正の整数とし，k を n の桁数とする $(1 \leqq k \leqq 1000)$．

$$\frac{m}{n} = a_1 10^{b_1} + a_2 10^{b_2} + \cdots + a_N 10^{b_N} + \epsilon$$

$(1 \leqq a_i \leqq 9, 0 \leqq b_N < b_{N-1} < \cdots < b_1, 0 \leqq \epsilon < 1)$ とおくと，$10^{999} \leqq m < 10^{1000}, 10^{k-1} \leqq n < 10^k$ より $b_1 \leqq 1000 - k$ である．また，次が成り立つ．

　補題　$1 \leqq i \leqq N-1$ なる整数 i について $b_i - b_{i+1} \leqq k+1$ が成り立つ．また，$b_N \leqq k$ が成り立つ．

　補題の証明　$1 \leqq i \leqq N-1, b_i - b_{i+1} \geqq k+2$ なる i が存在したとする．このとき

$$A = a_1 10^{b_1 - b_{i+1} - k - 2} + a_2 10^{b_2 - b_{i+1} - k - 2} + \cdots + a_i 10^{b_i - b_{i+1} - k - 2},$$

$$B = a_{i+1} 10^{b_{i+1}} + a_{i+2} 10^{b_{i+2}} + \cdots + a_N 10^{b_N} + \epsilon$$

とおくと，A は正の整数となり，B は $0 < B < 10^{b_{i+1}+1}$ をみたす．$\frac{m}{n} = 10^{b_{i+1}+k+2} A + B$ と表されるが，$10^{b_{i+1}+k+2} An < m = 10^{b_{i+1}+k+2} An + Bn < 10^{b_{i+1}+k+2} An + 10^{b_{i+1}+k+1}$ となり，m の $10^{b_{i+1}+k+1}$ の位が 0 になり矛盾する．

　以上より $1 \leqq i \leqq N-1$ なる整数 i について $b_i - b_{i+1} \leqq k+1$ が成り立つ．

　次に $b_N \geqq k+1$ と仮定する．このとき

$$C = a_1 10^{b_1 - k - 1} + a_2 10^{b_2 - k - 1} + \cdots + a_N 10^{b_N - k - 1}$$

とおくと C は正の整数となり，$\frac{m}{n} = 10^{k+1} C + \epsilon$ と表されるが，$10^{k+1} Cn \leqq m = 10^{k+1} Cn + \epsilon n < 10^{k+1} Cn + 10^k$ となり，m の 10^k の位が 0 になり矛盾する．

　以上より $b_N \leqq k$ が成り立つ．■

　ここで，$\frac{m}{n}$ の整数部分の 0 である桁の個数は $b_1 + 1 - N$ であるが，

$$b_1 - b_2 \leqq k+1, \quad b_2 - b_3 \leqq k+1, \quad \cdots \quad , \quad b_{N-1} - b_N \leqq k+1, \quad b_N \leqq k$$

12 第 1 部 日本数学オリンピック 予選

の辺々を足し合わせて $b_1 \leqq (k+1)N - 1$ すなわち $\dfrac{b_1+1}{k+1} \leqq N$ である．したがって

$$b_1 + 1 - N \leqq b_1 + 1 - \frac{b_1+1}{k+1} = \frac{kb_1-1}{k+1} + 1 \leqq \frac{k(1000-k)-1}{k+1} + 1$$

$$= 1003 - \left((k+1) + \frac{1002}{k+1}\right) \leqq 1003 - 2\sqrt{1002} < 940$$

である．ただし，最後の不等式において相加・相乗平均の不等式を用いた．

次に $M \geqq 939$ を示す．たとえば

$$m = \overbrace{211\cdots1}^{31\,桁}\overbrace{1266\cdots6}^{32\,桁}\overbrace{1266\cdots6}^{32\,桁}\cdots\overbrace{1266\cdots6}^{32\,桁}\overbrace{1266\cdots6}^{9\,桁}, \qquad n = \overbrace{211\cdots1}^{31\,桁}$$

とすると，$\dfrac{n}{m}$ の整数部分は $1\overbrace{00\cdots06}^{32\,桁}\overbrace{00\cdots06}^{32\,桁}\cdots\overbrace{00\cdots06}^{32\,桁}\overbrace{00\cdots0}^{9\,桁}$ となり 0 である桁の個数は 939 となる．

以上より，答は **939** である．

【9】 [解答：$\dfrac{60}{23}$]

正方形 ABCD の一辺の長さを l，$\mathrm{OA} = \mathrm{OB} = \mathrm{OC} = \mathrm{OD} = r$，$\mathrm{OP} = a$，$\mathrm{OQ} = b$，$\mathrm{OR} = c$，$\mathrm{OS} = d$ とおく．また，直線 AB と直線 PQ の交点を X，直線 BC と直線 QR の交点を Y，直線 CD と直線 RS の交点を Z とおく．メネラウスの定理より，

$$\frac{\mathrm{OP}}{\mathrm{AP}} \cdot \frac{\mathrm{AX}}{\mathrm{BX}} \cdot \frac{\mathrm{BQ}}{\mathrm{OQ}} = \frac{a}{r-a} \cdot \frac{\mathrm{BX}+l}{\mathrm{BX}} \cdot \frac{r-b}{b} = 1$$

であるから，$\mathrm{BX} = \dfrac{la(r-b)}{r(b-a)}$ となる．同様に，$\mathrm{BY} = \dfrac{lc(r-b)}{r(b-c)}$，$\mathrm{CZ} = \dfrac{ld(r-c)}{r(c-d)}$ である．また，$\mathrm{CY} = \mathrm{BC} + \mathrm{BY} = l + \dfrac{lc(r-b)}{r(b-c)} = \dfrac{lb(r-c)}{r(b-c)}$ である．三角形 YBX と三角形 YCZ が相似であることから，

$$\mathrm{BY} \cdot \mathrm{CZ} = \mathrm{BX} \cdot \mathrm{CY}$$

$$\Longleftrightarrow \frac{lc(r-b)}{r(b-c)} \cdot \frac{ld(r-c)}{r(c-d)} = \frac{la(r-b)}{r(b-a)} \cdot \frac{lb(r-c)}{r(b-c)}$$

$$\Longleftrightarrow cd(b-a) = ab(c-d).$$

よって，$d = \dfrac{abc}{ab+bc-ca}$ を得る．$a = 3, b = 5, c = 4$ であったから，線分 OS の長さは $d = \dfrac{3 \cdot 5 \cdot 4}{3 \cdot 5 + 5 \cdot 4 - 4 \cdot 3} = \dfrac{\mathbf{60}}{\mathbf{23}}$ と求まる．

【10】 [解答：784]

まず，答が 784 以上であることを示す．

あるマスの頂点であるような点は 56^2 個存在する．これらの点を，**格子点**とよぶことにする．また，格子点に対して，その格子点を頂点にもつようなマス全体を，その格子点の**周囲**とよぶ．条件をみたす状態にするためには，どの格子点についても，その点を頂点とする長方形を選んで行う操作が必要であることを示す．

条件をみたしている状態では，どの格子点についても，その格子点の周囲のうち，少なくとも 1 マスは黒である．格子点 P に対して，P を内部もしくは周上に含むような長方形の領域を選んで行う操作を，**P を含む操作**とよぶことにする．格子点 P に対して，P を含む操作を行わない場合，P の周囲はすべて白のままで残り，不適である．ゆえに，どの格子点に対しても，その格子点を含む操作を少なくとも 1 回行う必要がある．

格子点 P に対し，P を含む操作のうち，最後に行われる操作を考える．この操作で選ばれる領域が，P を頂点以外として含んでいる場合，その操作によって P の周囲のある隣接した 2 マスが同じ色になる．これは条件に反することから，この操作で選ばれる領域は P を頂点とするものでなければならないことが示される．

ここで，1 回の操作について，操作で選ばれる長方形の頂点は 4 個なので，操作は少なくとも $\dfrac{56^2}{4} = 784$ 回必要であることがわかる．

次に，784 回の操作で条件をみたす状態にすることができることを示す．

まず，上から 1 行目，3 行目，$\cdots$, 55 行目，すなわち奇数行目に対して，「その行のすべてのマスを黒で塗る」操作を行う．ここで操作が 28 回必要である．次に，左から 2 列目，4 列目，$\cdots$, 54 列目，すなわち偶数列目に対して，「その列のすべてのマスを白で塗る」操作を行う．ここで操作が 27 回必要である．

14　第 1 部　日本数学オリンピック 予選

ここまでの操作で，奇数行目奇数列目のマスがすべて黒で塗られ，それ以外の
マスはすべて白で塗られた状態になっている．最後に，偶数行目偶数列目のマ
スすべてに対して，「そのマスだけを黒で塗る」操作を行う．ここで操作が 27^2
回必要である．以上の操作により，マス目は 3 条件をみたす状態になる．これ
らの操作に必要な操作の回数は，合計で $28 + 27 + 27^2 = 784$ である．

以上より，答は **784** である．

【11】　[**解答**：122 通り]

以下，与えられた 2 条件をみたす書き込み方を考える．まず，次の補題を示す．

補題 1　i, j を 1 以上 6 以下の整数とする．第 i 行と第 j 列の両方に書き込ま
れている整数は $i \Diamond j$ のみである．

補題 1 の証明　$i \Diamond j$ が第 i 行にも第 j 列にも書き込まれていることは明らか
である．一方，1 以上 6 以下の整数 j', i' について，第 i 行第 j' 列のマスと第 i'
行第 j 列のマスの両方に整数 k が書き込まれていると仮定すると，$k = k \Diamond k =$
$(i \Diamond j') \Diamond (i' \Diamond j) = i \Diamond j$ となる．よって，第 i 行と第 j 列にともに書き込まれ
ている整数は $i \Diamond j$ 以外に存在しない．■

次に，任意の 1 以上 6 以下の整数 i, j, k について，

$$i \Diamond k = (i \Diamond j) \Diamond (k \Diamond k) = (i \Diamond j) \Diamond k$$

が成り立つので，第 i 行と第 $(i \Diamond j)$ 行の書き込み方は一致する．したがって，
任意の 1 以上 6 以下の整数 i_1, i_2 に対し，第 i_1 行と第 i_2 行の書き込み方が異な
るとき，$i_1 \Diamond j_1 = i_2 \Diamond j_2$ となる j_1, j_2 は存在しない．すなわち，任意の 2 つの
行については，書き込み方が一致するか，2 つの行に共通して書き込まれる数
はないかのいずれかである．

一方，任意の 1 以上 6 以下の整数 i について $i \Diamond i = i$ であり，第 i 行には i
が 1 つ以上書き込まれている．このことと，前段落の結果をあわせて，1 以上
6 以下の整数の集合 $\{1, 2, \cdots, 6\}$ を以下の条件をみたすようにいくつかの空で
ない集合 $I_1, I_2, \cdots, I_m$ (m は正の整数) に分割することができる：

任意の $x = 1, 2, \cdots, m$ と任意の $i \in I_x$ に対し，第 i 行に書き込ま

れている整数全体の集合は I_x に一致する.

行と列を入れ替えて議論すると,同様に,1 以上 6 以下の整数の集合 $\{1, 2, \cdots, 6\}$ を以下の条件をみたすようにいくつかの空でない集合 $J_1, J_2, \cdots, J_n$ (n は正の整数) に分割することができる:

　　任意の $y = 1, 2, \cdots, n$ と任意の $j \in J_y$ に対し,第 j 列に書き込ま
　　れている整数全体の集合は J_y に一致する.

さて,補題 1 より,任意の $x = 1, 2, \cdots, m$ および $y = 1, 2, \cdots, n$ について,集合 I_x, J_y のいずれにも属する整数はちょうど 1 つであるので,この整数を $\langle x, y \rangle$ と表す.

補題 2 $\langle x_1, y_1 \rangle \Diamond \langle x_2, y_2 \rangle = \langle x_1, y_2 \rangle$ が成り立つ.

補題 2 の証明 まず,任意の $i \in I_x$ と $j \in J_y$ に対して,$\langle x, y \rangle = i \Diamond j$ である.よって,$i_1 \in I_{x_1}, i_2 \in I_{x_2}, j_1 \in J_{y_1}, j_2 \in J_{y_2}$ をとると

$$\langle x_1, y_1 \rangle \Diamond \langle x_2, y_2 \rangle = (i_1 \Diamond j_1) \Diamond (i_2 \Diamond j_2) = i_1 \Diamond j_2 = \langle x_1, y_2 \rangle$$

となる. ■

ところで,$I_1, I_2, \cdots, I_m$ と $J_1, J_2, \cdots, J_n$ はいずれも $\{1, 2, \cdots, 6\}$ の分割だったから,

$$\langle 1, 1 \rangle, \langle 1, 2 \rangle, \cdots, \langle 1, n \rangle, \langle 2, 1 \rangle, \langle 2, 2 \rangle, \cdots, \langle 2, n \rangle, \cdots\cdots, \langle m, 1 \rangle, \langle m, 2 \rangle, \cdots, \langle m, n \rangle$$
$$(*)$$

には $1, 2, \cdots, 6$ がちょうど 1 回ずつ現れる.特に $mn = 6$ となる.逆に,次の補題が成立する.

補題 3 $mn = 6$ をみたす正の整数 m, n と $1, 2, \cdots, 6$ の並べ替えである $(*)$ が与えられたとき,補題 2 の式をみたす書き込み方が一意に定まり,これは問題文の条件をみたす.

補題 3 の証明 任意の 1 以上 6 以下の整数 i について $i = \langle x, y \rangle$ なる x, y がただ 1 組存在するので,書き込み方は一意に定まり,問題文の条件を $\langle x, y \rangle$ の

16　第 1 部　日本数学オリンピック 予選

形におき替えて示せばよい．これはそれぞれ，補題 2 の式から

$$\langle x, y \rangle \, \Diamond \, \langle x, y \rangle = \langle x, y \rangle,$$

$$(\langle x_1, y_1 \rangle \, \Diamond \, \langle x_2, y_2 \rangle) \, \Diamond \, (\langle x_3, y_3 \rangle \, \Diamond \, \langle x_4, y_4 \rangle) = \langle x_1, y_2 \rangle \, \Diamond \, \langle x_3, y_4 \rangle = \langle x_1, y_4 \rangle$$

$$= \langle x_1, y_1 \rangle \, \Diamond \, \langle x_4, y_4 \rangle$$

となるのでよい．■

　問題文の条件をみたす書き込み方を 1 つとると，この書き込み方を与える $(*)$ は $I_1, I_2, \cdots, I_m$ の並べ替えと $J_1, J_2, \cdots, J_n$ の並べ替えによる $m! \cdot n!$ 通り存在する．$mn = 6$ をみたす整数 m, n それぞれに対し，$(*)$ は 6! 通りなので書き込む方法は $\dfrac{6!}{m! \cdot n!}$ 通りとなる．したがって，求める場合の数は $\dfrac{6!}{1! \cdot 6!} + \dfrac{6!}{2! \cdot 3!} + \dfrac{6!}{3! \cdot 2!} + \dfrac{6!}{6! \cdot 1!} = \mathbf{122}$ 通りである．

【12】　[解答：496503]

　実数 z に対して，z を超えない最大の整数を $[z]$ で表す．$\dfrac{1}{2} - \dfrac{1}{2k} \leqq \dfrac{1}{2.014}$ をみたす最大の整数 k が $\left[\dfrac{1}{1 - \dfrac{2}{2.014}} \right] = 143$ であることに注意する．正の整数 n に対して $n = 143l + c$ と表せるとき（l は非負整数，$0 \leqq c \leqq 143$）

$$f(n) = \frac{n(n-1)}{2} - \frac{l(l+1)}{2}c - \frac{l(l-1)}{2}(143 - c)$$

によって $f(n)$ を定める．ここで n が 143 の倍数のときは (l, c) は 2 通り考えられるが，いずれの場合も $f(n)$ の定義は一致している．

　まず，$m > f(1000)$ のとき条件をみたさないことを以下の補題を用いて示す：

　補題　n を 144 以上の整数とし，$r = f(n) + 1$ であるとする．n 個の要素からなる集合 I について $i_1, \cdots, i_r, j_1, \cdots, j_r$ がすべて I に属するとき，144 個の要素からなる I の部分集合 J であって，$i_x, j_x \in J$ をみたす x が $\dfrac{144 \cdot 143}{2}$ 個以上であるようなものが存在する．

　補題の証明　n に関する帰納法で示す．$n = 144$ のとき，$r = f(144) + 1 =$

$\dfrac{144 \cdot 143}{2}$ より $J = I$ ととればよい.

$n = n' - 1$ において補題が成り立つとして, $n = n'$ の場合に示す ($n' \geqq 145$). I の要素で $i_1, \cdots, i_r, j_1, \cdots, j_r$ のうちに最も少ない回数現れるものを y とすると, y が現れる回数は高々 $\left[\dfrac{2r}{n'}\right]$ 回である. したがって I から y を取り除いた集合を I' とし, $i_x, j_x \in I'$ をみたすような (i_x, j_x) をすべて並べたものを $(i'_1, j'_1), \cdots, (i'_{r'}, j'_{r'})$ とすると $r' \geqq r - \left[\dfrac{2r}{n'}\right]$ となる.

$n' = 143l + c$ (l は正の整数, $1 \leqq c \leqq 143$), $s = f(n' - 1) + 1$ とすれば

$$r - s = f(n') - f(n' - 1) = n' - 1 - l,$$

$$n'(n' - 1 - l) = n'(n' - 1) - (143l + c)l = 2r - 2 - 143l + lc > 2r - n'$$

となる (ここで $n' \geqq 145$ を用いた). よって, $r - \left[\dfrac{2r}{n'}\right] \geqq r - (n' - 1 - l) = s$ となる. したがって I' および $i'_1, \cdots, i'_s, j'_1, \cdots, j'_s$ に帰納法の仮定を適用すれば, 補題の条件をみたす J の存在が示される. ∎

さて, $m > f(1000)$ とする. 補題より 144 個の要素からなる $\{1, \cdots, 1000\}$ の部分集合 J が存在して $i_x, j_x \in J$ なる x が $\dfrac{144 \cdot 143}{2}$ 個以上になる. そこで $x \in J$ のとき $a_x = \dfrac{1}{144}$, そうでないとき $a_x = 0$ とすれば $a_1 + \cdots + a_{1000} = 1$ であり,

$$a_{i_1} a_{j_1} + \cdots + a_{i_m} a_{j_m} \geqq \frac{1}{144^2} \cdot \frac{144 \cdot 143}{2} = \frac{1}{2} - \frac{1}{2 \cdot 144} > \frac{1}{2.014}$$

となるので条件をみたさないことがわかる.

あとは $m = f(1000)$ が問題の条件をみたすことを示せばよい. $b_1, \cdots, b_k$ が非負実数であるとき, $1 \leqq i < j \leqq k$ なるすべての正の整数の組 (i, j) について $b_i b_j$ を足し合わせたものを $S(b_1, \cdots, b_k)$ で表す. このときコーシー–シュワルツの不等式より $k(b_1^2 + \cdots + b_k^2) \geqq (b_1 + \cdots b_k)^2$ なので

$$S(b_1, \cdots, b_k) = \frac{(b_1 + \cdots + b_k)^2 - (b_1^2 + \cdots + b_k^2)}{2} \leqq \frac{1}{2}\left(1 - \frac{1}{k}\right)(b_1 + \cdots + b_k)^2$$

となる.

一方，$1 \leqq i < j \leqq 1000$ かつ $\left[\dfrac{i-1}{7}\right] \neq \left[\dfrac{j-1}{7}\right]$ なる整数の組 (i,j) を 1 つずつ並べたものを $(i_1,j_1), \cdots, (i_m,j_m)$ とすると $m = \dfrac{1000 \cdot 999}{2} - \dfrac{6 \cdot 7}{2} \cdot 142 - \dfrac{6 \cdot 5}{2} = f(1000)$ であり，

$$a_{i_1}a_{j_1} + \cdots + a_{i_m}a_{j_m} = S(a_1 + \cdots + a_7, \cdots, a_{988} + \cdots + a_{994}, a_{995} + \cdots + a_{1000})$$

であることがわかるので，先に示したことより

$$a_{i_1}a_{j_1} + \cdots + a_{i_m}a_{j_m} \leqq \left(\frac{1}{2} - \frac{1}{2 \cdot 143}\right)(a_1 + \cdots + a_{1000})^2 \leqq \frac{1}{2.014}$$

となるので，$m = f(1000)$ は条件をみたす.

以上より，問題の条件をみたす最大の m は $f(1000) = \mathbf{496503}$ である.

1.2 第25回 日本数学オリンピック 予選 (2015)

● 2015 年 1 月 12 日 [試験時間 3 時間，12 問]

1. 6000 の正の約数であって，平方数でないものはいくつあるか．

2. 円周上に 3 点 A, B, C があり，点 P を B と C における円の接線の交点とする．直線 AB と直線 CP が平行であり，AB = 3, BP = 4 のとき，線分 BC の長さを求めよ．

   ただし，XY で線分 XY の長さを表すものとする．

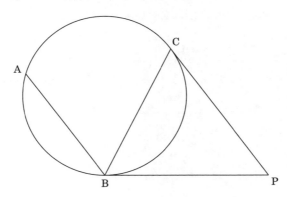

3. 正の整数 a, b, c, d, e が

   $a < b < c < d < e < a^2 < b^2 < c^2 < d^2 < e^2 < a^3 < b^3 < c^3 < d^3 < e^3$

   をみたすとき，$a+b+c+d+e$ のとりうる最小の値を求めよ．

4. 3 × 3 のマス目の各マスに，1 以上 9 以下の相異なる整数を 1 つずつ書

20 第 1 部 日本数学オリンピック 予選

き込む．各行および各列に並ぶ整数の和がすべて 3 の倍数になるような
書き込み方は何通りあるか．ただし，回転や裏返しにより一致する書き
込み方も異なるものとして数える．

5. 以下の式の値を，有理数 a, b を用いて，$a + b\sqrt{2}$ の形で表せ．

$$\frac{(1 \times 4 + \sqrt{2})(2 \times 5 + \sqrt{2}) \cdots (10 \times 13 + \sqrt{2})}{(2 \times 2 - 2)(3 \times 3 - 2) \cdots (11 \times 11 - 2)}$$

6. 正の整数 a, b, c が次の 4 つの条件をみたすとする：

- a, b, c の最大公約数は 1 である．
- $a, b + c$ の最大公約数は 1 より大きい．
- $b, c + a$ の最大公約数は 1 より大きい．
- $c, a + b$ の最大公約数は 1 より大きい．

このとき，$a + b + c$ のとりうる最小の値を求めよ．

7. l を xy 平面上の直線とする．20×15 個の点 (m, n) $(m = 1, 2, \cdots, 20,$ $n = 1, 2, \cdots, 15)$ のうち少なくとも 1 つを通り l と平行な直線はちょうど 222 本存在した (ただし，l 自身も l と平行な直線とみなす)．このとき，これらの点のうち少なくとも 1 つを通り l と垂直な直線は何本存在するか．

8. 平面上に 5 点 A, B, C, D, P があり，このうち A, B, C, D はこの順に同一直線上に並んでいる．また，AB = BC = CD = 6, PB = 5, PC = 7 をみたしている．三角形 PAC の外接円と三角形 PBD の外接円の交点のうち P でない方を Q とおくとき，線分 PQ の長さを求めよ．

ただし，XY で線分 XY の長さを表すものとする．

9. 1 以上 2015 以下の整数が 2 つずつあり，これらを一列に並べた．この列から 2015 個の整数を選び，順番を保って並べたものを**半列**とよぶ．このとき，相異なる半列の個数としてありうる最大の値を求めよ．ただし，半列は整数列として同じものであれば異なる箇所から選んだものも同じものとする．

10. 正の整数に対して，次の操作を行うことを考える：

1 の位の数字を取り去り，それを 4 倍したものを加える．

たとえば，1234 に操作を行うと $123 + 16 = 139$ となり，7 に操作を行うと 28 となる．25^{2015} から始めて操作を 10000 回行った後に得られる数はいくつか．

11. 三角形 ABC の外接円を Γ とおく．Γ の点 A を含まない方の弧 BC の中点を A′, 点 B を含まない方の弧 CA の中点を B′, 点 C を含まない方の弧 AB の中点を C′ とおく．三角形 AB′C′, 三角形 A′BC′, 三角形 A′B′C の面積がそれぞれ 2, 3, 4 のとき，三角形 ABC の面積を求めよ．

12. いかなる正の整数 n に対しても次が成り立つような実数 a としてありうる最大の値を求めよ：

$(n + 1) \times (n + 1)$ のマス目があり，各マスが白または黒のいずれか 1 色で塗られているとき，同じ塗り方の $\lceil an^2 \rceil$ 個の 2×2 のマス目を**互いに重ならないように**選ぶことができる．ただし，回転や裏返しにより重なりあう塗り方も異なるものとみなす．

なお，実数 r に対して r 以上の最小の整数を $\lceil r \rceil$ で表す．

22 第1部 日本数学オリンピック 予選

解答

【1】 [**解答**：34 個]

$6000 = 2^4 3^1 5^3$ より，6000 の約数は $2^a 3^b 5^c$ ($a = 0, 1, 2, 3, 4$, $b = 0, 1$, $c = 0, 1, 2, 3$) と表されるもの全体なので，全部で $5 \cdot 2 \cdot 4 = 40$ 個ある．そのうち，a, b, c がすべて偶数であるものが平方数となるので，平方数である約数は全部で $3 \cdot 1 \cdot 2 = 6$ 個ある．よって求める答は $40 - 6 = \mathbf{34}$ 個となる．

【2】 [**解答**：$2\sqrt{3}$]

AB と CP が平行なので，$\angle ABC = \angle BCP$ である．また，接弦定理より $\angle CAB = \angle PBC$ なので，二角相等により三角形 ABC と三角形 BCP は相似である．したがって AB : BC = BC : CP, すなわち $BC = \sqrt{AB \cdot CP}$ となる．P は B と C それぞれにおける接線の交点なので $CP = BP = 4$ であり，よって $BC = \sqrt{3 \cdot 4} = \mathbf{2\sqrt{3}}$ を得る．

【3】 [**解答**：35]

$a + 4 \leqq e$, $e^2 + 1 \leqq a^3$ であるから，

$$(a+4)^2 \leqq e^2 \leqq a^3 - 1$$

が成り立つ．したがって，$(a+4)^2 \leqq a^3 - 1$, つまり

$$(a-4)(a^2 + 3a + 4) \geqq 1 > 0$$

となるので，$a > 4$ である．よって $a + b + c + d + e \geqq 5 + 6 + 7 + 8 + 9 = 35$ であり，一方 $(a, b, c, d, e) = (5, 6, 7, 8, 9)$ は条件をみたす．したがって求める最小値は **35** である．

【4】 [**解答**：5184 通り]

マス目に書かれた整数をそれぞれ 3 で割った余りに置き換えることを考える．「各行および各列に並ぶ整数の和がすべて 3 の倍数になる」という性質は置き換

える前と後で変化しない.

0 以上 2 以下の 3 つの整数の組で和が 3 の倍数になるものは, $(0,0,0)$, $(1,1,1)$, $(2,2,2)$ および $(0,1,2)$ の並べ替えのみである. したがって, 置き換えた後のマス目について, 各行および各列の整数はすべて等しいか, すべて相異なるかのどちらかとなる.

$0, 1, 2$ の 3 種類の余りを, A, B, C の 3 つの文字に対応させる (この順に対応させるとは限らない). このとき A, B, C は 3 つずつ存在し, 条件をみたす配置は以下の 4 通りに限られることがわかる:

A	A	A
B	B	B
C	C	C

A	B	C
A	B	C
A	B	C

A	B	C
C	A	B
B	C	A

A	B	C
B	C	A
C	A	B

ただし, A, B, C を並べ替えただけのものは同一とみなした.

それぞれの場合において, 3 種類の文字に 3 種類の余りを対応させる方法が $3!$ 通りあるので, 置き換えた後のマス目としてありうるものは $4 \cdot 3! = 24$ 通りである. さらに, 3 種類の余りのそれぞれに 3 つずつの整数が対応するので, マス目に書かれた余りに対応する整数を書き込む方法は $(3!)^3 = 216$ 通りある.

このようにして得られた書き込み方は条件をみたすので, 求める答は $24 \cdot 216 = \mathbf{5184}$ 通りとなる.

【5】 [解答: $11 + 5\sqrt{2}$]

$k = 1, 2, \cdots, 10$ について,

$$\frac{k(k+3) + \sqrt{2}}{(k+1)^2 - 2} = \frac{(k+1+\sqrt{2})(k+2-\sqrt{2})}{(k+1+\sqrt{2})(k+1-\sqrt{2})} = \frac{k+2-\sqrt{2}}{k+1-\sqrt{2}}$$

である. よって,

$$\frac{(1 \times 4 + \sqrt{2})(2 \times 5 + \sqrt{2}) \cdots (10 \times 13 + \sqrt{2})}{(2 \times 2 - 2)(3 \times 3 - 2) \cdots (11 \times 11 - 2)} = \frac{3 - \sqrt{2}}{2 - \sqrt{2}} \cdot \frac{4 - \sqrt{2}}{3 - \sqrt{2}} \cdots \frac{12 - \sqrt{2}}{11 - \sqrt{2}}$$

$$= \frac{12 - \sqrt{2}}{2 - \sqrt{2}} = \mathbf{11 + 5\sqrt{2}}$$

となる.

24　第 1 部　日本数学オリンピック 予選

【6】　[解答：30]

a と $b+c$, b と $c+a$, c と $a+b$ の最大公約数をそれぞれ g_1, g_2, g_3 とおく．g_1 と g_2 をともに割りきる素数 p が存在したとすると，a, b はともに p で割りきれる．さらに $b+c$ は p で割りきれるので，c も p で割りきれて，a, b, c の最大公約数が 1 であることに反する．よって g_1 と g_2 は互いに素である．同様に g_2 と g_3, g_3 と g_1 も互いに素であることがわかる．以上と g_1, g_2, g_3 が 1 より大きいことより，$g_1 g_2 g_3 \geqq 2 \cdot 3 \cdot 5 = 30$ となる．さらに g_1 は $a, b+c$ をともに割りきるので，$a+b+c$ を割りきる．同様に g_2, g_3 も $a+b+c$ を割りきるので，$g_1 g_2 g_3$ は $a+b+c$ を割りきる．よって $a+b+c \geqq g_1 g_2 g_3 \geqq 30$. 一方，たとえば $(a, b, c) = (2, 3, 25)$ のとき問題の条件が成り立ち，$a+b+c = 30$ がみたされるので，求める最小値は **30** である．

【7】　[解答：212 本]

x 座標と y 座標がともに整数であるような点を**格子点**とよぶ．そのうち，$1 \leqq x \leqq 20$, $1 \leqq y \leqq 15$ の範囲にある点を**良い点**とよぶ．

直線 l が x 軸または y 軸に平行だったとすると，良い点を通る直線であって l と平行なものはそれぞれ 15 本，あるいは 20 本しか存在しない．したがって直線 l の傾きは 0 でない実数であるとしてよい．次に，直線 l の傾きが無理数であったとすると，l と平行な直線は良い点を高々 1 回しか通らない．というのも，2 つの格子点を結ぶ直線は y 軸に平行であるか，有理数の傾きをもつからである．このとき良い点を通る直線は 300 本存在することになり，仮定に反する．よって，直線 l の傾きを $\dfrac{b}{a}$（a, b は 0 でない整数であり，互いに素）とおいてよい．

a, b が互いに素なので，傾き $\dfrac{b}{a}$ の直線上に格子点が存在するならば，それらは (a, b) 間隔で並んでいる．よって，$|a| > 20$ もしくは $|b| > 15$ だとすると，300 個の良い点を通る直線はすべて相異なり，したがって 300 本存在することになり仮定に反する．ゆえに $|a| \leqq 20$ かつ $|b| \leqq 15$ である．

まず $a, b > 0$ のときを考える．このとき，各直線上の格子点が (a, b) 間隔で並んでいることから，(m', n')（$1 \leqq m' \leqq a$ もしくは $1 \leqq n' \leqq b$）をみたす点 (m', n') どうしは l と平行な同一の直線上に存在することはない．逆に (m'', n'')

($a < m'' \leqq 20$ かつ $b < n'' \leqq 15$) をみたす点 (m'', n'') については，この点を通り l と平行な直線は必ず $1 \leqq m' \leqq a$ もしくは $1 \leqq n' \leqq b$ をみたす点 (m', n') を通る (下の図も参照).

よって，l と平行であって良い点を通る直線は全部で $20 \times 15 - (20-a)(15-b)$ 本存在する．a または b が負のときも同様に考えることによって，一般に直線の本数は $20 \times 15 - (20-|a|)(15-|b|)$ であるとわかる．

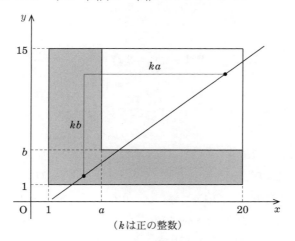

（k は正の整数）

いま，仮定より $20 \times 15 - (20-|a|)(15-|b|) = 222$ なので，$(20-|a|)(15-|b|) = 78$ である．78 を 20 以下の正の整数と 15 以下の正の整数の積で書き表す方法は $78 = 6 \times 13$ しか存在せず，さらに $20 - |a| = 6, 15 - |b| = 13$ とすると $|a| = 14, |b| = 2$ となって a, b が互いに素であるという仮定に反する．したがって $20 - |a| = 13, 15 - |b| = 6$ であり，$|a| = 7, |b| = 9$ である．

l と垂直な直線の傾きは $\frac{-a}{b}$ である．$|b| \leqq 20$ かつ $|-a| \leqq 15$ が成り立っていることに注意すると，上の議論を l と垂直な直線についてまったく同様に繰り返すことができる．したがって求めるべき直線の本数は，$20 \times 15 - (20-|b|)(15-|-a|) = \mathbf{212}$ である．

【8】　[解答：$\dfrac{55\sqrt{7}}{14}$]

線分 BC, PQ の交点を M とおく．方べきの定理より，AM·CM = PM·QM = DM·BM. これと AM + CM = BM + DM = 12 より $(12 - CM) \cdot CM = (12 - $

BM) · BM すなわち $(\mathrm{BM} - \mathrm{CM})(\mathrm{BM} + \mathrm{CM} - 12) = 0$ であるが，$\mathrm{BM} + \mathrm{CM} = $
$\mathrm{BC} \neq 12$ なので $\mathrm{BM} = \mathrm{CM}$. つまり M は線分 BC の中点である．中線定理より

$$\mathrm{PM} = \sqrt{\frac{\mathrm{PB}^2 + \mathrm{PC}^2}{2} - \mathrm{BM}^2} = \sqrt{\frac{5^2 + 7^2}{2} - 3^2} = 2\sqrt{7}$$

となり，このことから

$$\mathrm{QM} = \frac{\mathrm{AM} \cdot \mathrm{CM}}{\mathrm{PM}} = \frac{9 \cdot 3}{2\sqrt{7}} = \frac{27\sqrt{7}}{14}$$

である．したがって，$\mathrm{PQ} = \mathrm{PM} + \mathrm{QM} = 2\sqrt{7} + \dfrac{27\sqrt{7}}{14} = \boldsymbol{\dfrac{55\sqrt{7}}{14}}$ となる．

【9】　[解答：$_{4030}\mathrm{C}_{2015} - 2015$ 個]

　整数列からいくつかを選び順番を保ったまま並べたものを**部分列**とよぶ．

　与えられた列から 2015 個の整数を選ぶ方法は $_{4030}\mathrm{C}_{2015}$ 通りである．整数列は，左から右に順に並べられているものとし，左から i 番目と j 番目 $(i < j)$ にある数が同じならば $f(i) = j$, $f(j) = i$ となるよう $f(1), f(2), \cdots, f(4030)$ を定義する．$0 < f(i) - i < 2015$ となる i が存在すると，左から $1, 2, \cdots, i-1$ 番目と左から $f(i)+1, f(i)+2, \cdots, 4030$ 番目には合わせて 2015 個以上の数があるので，そのうち 2014 個を選ぶ方法は 2015 通り以上ある．この 2014 個と左から i 番目または $f(i)$ 番目の数を選んだものは 2 つとも同じ半列となるため，半列の数は $_{4030}\mathrm{C}_{2015} - 2015$ 個以下である．$0 < i - f(i) < 2015$ となる i が存在した場合も同様である．

　1 以上 4030 以下のすべての整数 i について $|f(i) - i| \geqq 2015$ とする．このとき，$f(2015 + i) \leqq i$ $(i = 1, 2, \cdots, 2015)$ であるから，帰納的に $f(2016) = 1$, $f(2017) = 2$, $\cdots$, $f(4030) = 2015$ がわかる．対称性よりこの列は $1, 2, 3, \cdots$, $2015, 1, 2, 3, \cdots, 2015$ としてよい．この列を A とする．

　A から 2015 個を異なる箇所から選んだものが同じ半列であったとする．半列上で同じ箇所にあるが A において異なる箇所にある整数を 1 つ選び，n とおく．A から左側の n を選んでいた場合を考えると半列においてその n より左にあるものは $1, 2, \cdots, n-1$ の部分列であり，同様に半列においてその n より右にあるものは $n+1, n+2, \cdots, 2015$ の部分列である．よって，この半列は

1.2. 第 25 回 日本数学オリンピック 予選 (2015) 27

$1, 2, \cdots, 2015$ であることがわかる．一方，半列が $1, 2, \cdots, 2015$ となるように A から 2015 個の整数を選ぶことを考える．このとき，n が左の方を選んだならば n 以下の整数は左の方を選ぶことになり，n が右の方を選んだならば n 以上の整数は右の方を選ぶことになる．よって，このような選び方は 2016 通りあり，半列の数は ${}_{4030}\mathrm{C}_{2015} - (2016 - 1) = {}_{4030}\mathrm{C}_{2015} - 2015$ になる．

よって，求める値は ${}_{4030}\mathbf{C}_{2015} - \mathbf{2015}$ である．

【10】　[解答：4]

整数 k, l と正の整数 m に対して，$k - l$ が m で割りきれることを $k \equiv l \pmod{m}$ と書く．

非負整数 n について，25^{2015} に操作を n 回して得られる数を a_n とする．ただし，$a_0 = 25^{2015}$ である．非負整数 n について，a_n の一の位を b_n とおくと，$a_{n+1} = \dfrac{a_n - b_n}{10} + 4b_n = \dfrac{a_n + 39b_n}{10}$ である．よって，$a_{n+1} \leqq \dfrac{a_n}{10} + \dfrac{39}{10} \cdot 9$ すなわち $a_{n+1} - 39 \leqq \dfrac{a_n - 39}{10}$ が成り立つ．また，

$$a_{n+1} = 4a_n - 39 \cdot \frac{a_n - b_n}{10} \equiv 4a_n \pmod{39}$$

が成り立つ．$a_0 = 25^{2015} < 100^{2015} = 10^{4030}$ より，$a_{10000} - 39 < \dfrac{a_0 - 39}{10^{10000}} < 1$ つまり $a_{10000} \leqq 39$ となる．また，$a_{10000} \equiv 4^{10000} a_0 = 4^{10000} \cdot 25^{2015} \pmod{39}$ より，

$$a_{10000} \equiv 1 \pmod{3}$$

$$a_{10000} \equiv 4 \cdot 64^{3333} \cdot (-1)^{2015} \equiv 4 \cdot (-1)^{3333} \cdot (-1)^{2015} \equiv 4 \pmod{13}$$

である．よって a_{10000} は 3 で割って 1 余り，13 で割って 4 余る 39 以下の正の整数であるから，$a_{10000} = \mathbf{4}$ とわかる．

【11】　[解答：$\dfrac{288}{35}$]

多角形 P に対して，その面積を $S(\mathrm{P})$ で表す．

AI は $\angle \mathrm{CAB}$ の二等分線だから，I は $\mathrm{AA'}$ 上に存在する．同様にして，I は $\mathrm{BB'}, \mathrm{CC'}$ 上にも存在する．円周角の定理より，

$$\angle C'B'A = \angle C'CA = \angle C'CB = \angle C'B'B = \angle C'B'I$$

である．同様にして $\angle B'C'A = \angle B'C'I$ を得る．二角夾辺相等により，三角形 $AB'C'$ と三角形 $IB'C'$ は合同である．同様にして，三角形 $A'BC'$ と三角形 $A'IC'$，三角形 $A'B'C$ と三角形 $A'B'I$ もそれぞれ合同である．これらより，$S(IB'C') = 2, S(IC'A') = 3, S(IA'B') = 4$ が成り立つ．すると，

$$AI : IA' = S(AC'IB') : S(A'C'IB')$$

$$= (2+2) : (3+4) = 4 : 7$$

がわかる．同様にして，

$$BI : IB' = (3+3) : (4+2) = 1 : 1$$

$$CI : IC' = (4+4) : (2+3) = 8 : 5$$

がわかる．これらを用いて，

$$S(BIC) = S(B'IC') \cdot \frac{BI}{IB'} \cdot \frac{CI}{IC'} = 2 \cdot \frac{1}{1} \cdot \frac{8}{5} = \frac{16}{5}$$

$$S(CIA) = S(C'IA') \cdot \frac{CI}{IC'} \cdot \frac{AI}{IA'} = 3 \cdot \frac{8}{5} \cdot \frac{4}{7} = \frac{96}{35}$$

$$S(AIB) = S(A'IB') \cdot \frac{AI}{IA'} \cdot \frac{BI}{IB'} = 4 \cdot \frac{4}{7} \cdot \frac{1}{1} = \frac{16}{7}$$

である．よって答は $\dfrac{16}{5} + \dfrac{96}{35} + \dfrac{16}{7} = \dfrac{\boldsymbol{288}}{\boldsymbol{35}}$ である．

【12】 [解答：$\dfrac{1}{36}$]

まず，$a = \dfrac{1}{36}$ について問題の条件をみたすことを示す．$(n+1) \times (n+1)$ のマス目に含まれる 2×2 のマス目は n^2 個存在するので，$2\left(\left\lceil \dfrac{4}{36}n^2 \right\rceil - 1\right) + 14\left(\left\lceil \dfrac{2}{36}n^2 \right\rceil - 1\right) < n^2$ より次のいずれかが成り立つ．

1. の少なくとも 1 つが $\left\lceil \dfrac{4}{36}n^2 \right\rceil$ 個以上存在する．

2. の少な

くとも 1 つが $\left\lceil \frac{2}{36}n^2 \right\rceil$ 個以上存在する.

3. 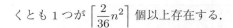 の少なくとも 1 つが $\left\lceil \frac{2}{36}n^2 \right\rceil$ 個以上存在する.

1 のとき, $\left\lceil \frac{4}{36}n^2 \right\rceil$ 個以上存在する塗り方の 2×2 のマス目について, そのうち左上のマスが $(n+1) \times (n+1)$ のマス目の奇数行目奇数列目にあるもの, 奇数行目偶数列目にあるもの, 偶数行目奇数列目にあるもの, 偶数行目偶数列目にあるものの 4 種類に分けると, 少なくとも 1 種類は $\left\lceil \frac{1}{36}n^2 \right\rceil$ 個以上存在する. 同じ種類の 2×2 のマス目同士は重ならないので, これらを選べば条件をみたす.

2 のとき, 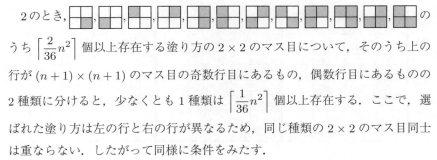 のうち $\left\lceil \frac{2}{36}n^2 \right\rceil$ 個以上存在する塗り方の 2×2 のマス目について, そのうち上の行が $(n+1) \times (n+1)$ のマス目の奇数行目にあるもの, 偶数行目にあるものの 2 種類に分けると, 少なくとも 1 種類は $\left\lceil \frac{1}{36}n^2 \right\rceil$ 個以上存在する. ここで, 選ばれた塗り方は左の行と右の行が異なるため, 同じ種類の 2×2 のマス目同士は重ならない. したがって同様に条件をみたす.

3 のとき, 行と列を入れ替えて 2 と同様に条件をみたす.

次に, 問題の条件をみたす実数 a について $a \leqq \frac{1}{36}$ であることを示す. m を任意の正の整数とし, $n = 6m - 1$ とおく. 右ページの図のように $(n+1) \times (n+1)$ のマス目を $2m \times 2m$ や $2m \times 4m$ の領域に分割し, それぞれを周期的に塗る.

1. 上段左の領域に含まれる 2×2 のマス目の塗り方はすべて である. この領域には $2m \cdot 2m = 4m^2$ 個のマスがあるので, この中で互いに重ならないように選ぶことができる のマス目は高々 $\frac{4m^2}{4} = m^2$ 個である.

2. 上段右の領域に含まれる 2×2 のマス目の塗り方は のいずれかである. のマス目のうち右上または左下のマスとなりう

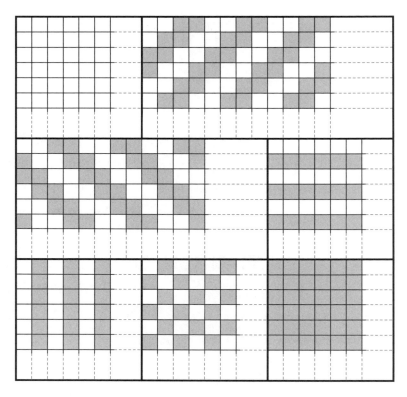

る白で塗られたマスは，上または左のマスが白で塗られていなければならないので，この領域には各行高々 m マス，合計高々 $2m^2$ マス存在する．したがって，この領域の中で互いに重ならないように選ぶことができる ▦ のマス目は高々 $\dfrac{2m^2}{2} = m^2$ 個である．▦, ▦, ▦ についても同様に，この領域の中で互いに重ならないように選ぶことができるマス目は高々 m^2 個である．

3. 中段左の領域に含まれる 2×2 のマス目の塗り方は ▦, ▦, ▦, ▦ のいずれかである．2 と同様に，いずれの塗り方についてもこの領域の中で互いに重ならないように選ぶことができるマス目は高々 m^2 個である．

4. 中段右の領域に含まれる 2×2 のマス目の塗り方は ▦, ▦ のいずれか

である．1 と同様に，いずれの塗り方についてもこの領域の中で互いに重ならないように選ぶことができるマス目は高々 m^2 個である．

5. 下段左の領域に含まれる 2×2 のマス目の塗り方は □,□ のいずれかである．1 と同様に，いずれの塗り方についてもこの領域の中で互いに重ならないように選ぶことができるマス目は高々 m^2 個である．

6. 下段中央の領域に含まれる 2×2 のマス目の塗り方は □,□ のいずれかである．1 と同様に，いずれの塗り方についてもこの領域の中で互いに重ならないように選ぶことができるマス目は高々 m^2 個である．

7. 下段右の領域に含まれる 2×2 のマス目の塗り方はすべて □ である．1 と同様に，この領域の中で互いに重ならないように選ぶことができる □ のマス目は高々 m^2 個である．

8. 2 つ以上の領域にまたがる 2×2 のマス目は $10(2m-1)+4 = 20m-6$ 個存在する．

したがって，2×2 のマス目の 16 通りの塗り方すべてについて，全体の $(n+1) \times (n+1)$ のマス目の中で互いに重ならないように選ぶことができる同じ塗り方の 2×2 のマス目は高々 $m^2 + 20m - 6$ 個である．よって，$\lceil an^2 \rceil \leq m^2 + 20m - 6$ であるから，

$$a \leq \frac{\lceil an^2 \rceil}{n^2} \leq \frac{m^2 + 20m - 6}{(6m-1)^2} = \frac{1}{36} + \frac{732m - 217}{36(6m-1)^2}$$

となる．m を任意に大きくとれるので，$a \leq \dfrac{1}{36}$ が示された．

よって，求める最大値は $\dfrac{1}{36}$ である．

1.3 第26回 日本数学オリンピック 予選 (2016)

● 2016 年 1 月 11 日 [試験時間 3 時間, 12 問]

1. 次の式を計算し, 値を整数で答えよ.

$$\sqrt{\frac{11^4 + 100^4 + 111^4}{2}}$$

2. 1 以上 2016 以下の整数のうち, 20 で割った余りが 16 で割った余りよりも小さいものはいくつあるか.

3. 円に内接する六角形 ABCDEF について, 半直線 AB と半直線 DC の交点を P, 半直線 BC と半直線 ED の交点を Q, 半直線 CD と半直線 FE の交点を R, 半直線 DE と半直線 AF の交点を S とすると, ∠BPC = 50°, ∠CQD = 45°, ∠DRE = 40°, ∠ESF = 35° であった.

直線 BE と直線 CF の交点を T とするとき, ∠BTC の大きさを求めよ.

4. 11 × 11 のマス目をマス目にそった 5 つの長方形に分割する. 分割されてできた長方形のうちの 1 つが, もとのマス目の外周上に辺をもたないような分割方法は何通りあるか.

ただし, 回転や裏返しにより一致する分割方法も異なるものとして数える.

5. 四角形 ABCD は AC = 20, AD = 16 をみたす. 線分 CD 上に点 P をとると, 三角形 ABP と三角形 ACD が合同となった. 三角形 APD の面積が 28 のとき, 三角形 BCP の面積を求めよ. ただし, XY で線分 XY の長さを表すものとする.

6. 1 以上 200 以下の整数がちょうど 1 つずつ黒板に書かれており，このうちちょうど 100 個を丸で囲んだ．この状態の**得点**とは，丸で囲まれた整数の総和から丸で囲まれていない整数の総和を引いた値の 2 乗である．すべての丸のつけ方の得点の平均を計算せよ．

7. 実数 a, b, c, d が

$$\begin{cases} (a+b)(c+d) = 2 \\ (a+c)(b+d) = 3 \\ (a+d)(b+c) = 4 \end{cases}$$

をみたすとき，$a^2 + b^2 + c^2 + d^2$ のとりうる最小の値を求めよ．

8. 三角形 ABC の内接円を ω とする．辺 BC と ω の接点を D とし，直線 AD と ω の交点のうち D でない方を X とする．AX : XD : BC = 1 : 3 : 10, ω の半径が 1 のとき，線分 XD の長さを求めよ．ただし，YZ で線分 YZ の長さを表すものとする．

9. 1 以上 2015 以下の整数の組 (a, b) であって，a が $b+1$ の倍数であり，かつ $2016 - a$ が b の倍数であるようなものはいくつあるか．

10. 周の長さが 1 の円周上に A 君と 2016 本の旗が立っている．A 君は円周上を移動して，すべての旗を回収しようとしている．はじめの A 君と旗の位置によらず，距離 l 移動することで A 君はすべての旗を回収できるという．このような l としてありうる最小の値を求めよ．

ただし，A 君は回収した旗を出発点に持ち帰る必要はないものとする．

11. 2 以上の整数の組 (a, b) であって，以下の条件をみたす数列 $x_1, x_2, \cdots, x_{1000}$ が存在するようなものの個数を求めよ．

- $x_1, x_2, \cdots, x_{1000}$ は $1, 2, \cdots, 1000$ の並べ替えである．
- 1 以上 1000 未満の各整数 i に対して，$x_{i+1} = x_i + a$ または $x_{i+1} = x_i - b$ が成立する．

12. 村人 0, 村人 1, $\cdots$, 村人 2015 の 2016 人の住んでいる村があり，あなたは村人 0 である．各村人は正直者か嘘つきのいずれかであり，あなたは他の人がそのどちらであるかは知らないが，自分が正直者であることと嘘つきの人数がある整数 T 以下であることは知っている．

ある日から村人は毎朝必ず 1 通の手紙を書くようになった．正の整数 n に対して 1 以上 2015 以下の整数 k_n が定まっていて，n 日目の朝に村人 i の書いた手紙は，村人 i が正直者の場合は村人 $i + k_n$ に，嘘つきの場合は村人 $i - k_n$ に n 日目の夕方に届けられる．ただし $i - j$ が 2016 で割り切れるとき，村人 i と村人 j は同じ村人を指すものとする．k_n は村人にはわからないが，手紙の送信元は配達時に口頭で伝えられる．手紙には何を書いてもよく，十分時間が経った後にはどの村人からも十分な回数手紙を受け取るものとする．すなわち，1 以上 2015 以下の各整数 k について，$k = k_n$ となる n は無限に存在する．

あなたはこの村の正直者は誰なのか知りたいと思っている．あなたはある日の正午に一度だけ村人全員を集めて指示を出すことができる．正直者はあなたの指示に従うが，嘘つきは従うとは限らず，手紙に書く内容としてはどのようなものもあり得る．

指示を出してからしばらく経ったある日，あなたはこの村の正直者全員を決定することができた．誰が正直者であり誰が嘘つきであるかによらずあなたが適切な指示を出せばこのようなことが可能であるような T の最大値を求めよ．

解答

【1】 [**解答**：11221]

正の実数 x, y に対し,

$$\sqrt{\frac{x^4 + y^4 + (x+y)^4}{2}} = \sqrt{\frac{2x^4 + 4x^3y + 6x^2y^2 + 4xy^3 + 2y^4}{2}}$$

$$= \sqrt{x^4 + 2x^3y + 3x^2y^2 + 2xy^3 + y^4}$$

$$= x^2 + xy + y^2$$

が成り立つので,

$$\sqrt{\frac{11^4 + 100^4 + 111^4}{2}} = 11^2 + 11 \times 100 + 100^2 = \mathbf{11221}$$

となる.

【2】 [**解答**：600 個]

正の整数 n について, n を 20 で割った余りが 16 で割った余りよりも小さいということは, n 以下の最大の 20 の倍数が n 以下の最大の 16 の倍数よりも大きいということと同値である. つまり 2016 以下の正の整数で, 80 で割った余りが 20 以上 32 未満, 40 以上 48 未満, 60 以上 64 未満であるものの個数を求めればよい.

2000 が 80 の倍数であり 2001 以上で条件をみたすような整数がないことを考えると, 条件をみたすような整数の個数は $\frac{2000}{80} \cdot (12 + 8 + 4) = \mathbf{600}$ 個である.

【3】 [**解答**：95°]

三角形 APC に注目すると $\angle BPC = \angle ACD - \angle CAB$ がわかり, 円周角の定理より $\angle CAB = \angle CFB$ なので, $\angle ACD - \angle CFB = \angle BPC = 50°$ である. 同様に, $\angle DEA - \angle FBE = \angle ESF = 35°$ である. したがって, $\angle ACD + \angle DEA - (\angle CFB + \angle FBE) = 85°$ となる.

ここで，四角形 ACDE が円に内接するため ∠ACD + ∠DEA = 180° であり，また ∠CFB + ∠FBE = ∠BTC である．よって，∠BTC = 180° − 85° = **95°** となる．

【4】 [解答：32400 通り]

11×11 のマス目は縦方向の線と横方向の線 12 本ずつからなり，このうち外周を構成しないものは 10 本ずつである．この中から縦と横で 2 本ずつを選ぶことで，外周に辺をもたない長方形が 1 つ決まる．これを R で表す．R のとり方は $({}_{10}C_2)^2$ 通りである．

R 以外の 4 つの長方形のとり方を考える．R の辺を延長することでマス目は 9 個の領域に分割される．このうち R 以外を図のように A, B, C, D, X, Y, Z, W で表す．

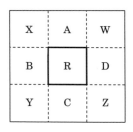

A, B, C, D の 2 個以上と共通部分をもつ長方形は存在しないので，A, B, C, D を含む長方形が 1 つずつなければならない．これらを順に R_A, R_B, R_C, R_D で表す．特に，R 以外に外周に辺をもたない長方形は存在しないことが分かった．X は R_A または R_B のどちらか一方のみに，そのすべてが含まれる．同様に Y は R_B または R_C に，Z は R_C または R_D に，W は R_D または R_A に含まれる．X, Y, Z, W がそれぞれどちらに含まれるのかを決めることで，R 以外の 4 つの長方形のとり方が決まる．これは 2^4 通りである．

以上の手順ですべての分割方法が得られ，それは $({}_{10}C_2)^2 \cdot 2^4 = 45^2 \cdot 2^4 =$ **32400** 通りである．

【5】 [解答：$\dfrac{63}{4}$]

多角形 X に対して，その面積を $S(X)$ で表す．

1.3. 第 26 回 日本数学オリンピック 予選 (2016)   37

三角形 ABP と三角形 ACD が合同なので，AB = AC = 20, AP = AD = 16，
∠BAP = ∠CAD である．すると，∠BAC = ∠PAD なので，三角形 ABC と三
角形 APD は相似な二等辺三角形であり，その相似比は 20 : 16 = 5 : 4 である．
したがって，$S(\mathrm{ABC}) = 28 \cdot \left(\dfrac{5}{4}\right)^2 = \dfrac{175}{4}$ となる．

$$S(\mathrm{ABCD}) = S(\mathrm{ABP}) + S(\mathrm{BCP}) + S(\mathrm{APD})$$

$$S(\mathrm{ABCD}) = S(\mathrm{ABC}) + S(\mathrm{ACD})$$

および三角形 ABP と三角形 ACD の合同より $S(\mathrm{ABP}) = S(\mathrm{ACD})$ であること
から，

$$S(\mathrm{BCP}) = S(\mathrm{ABC}) - S(\mathrm{APD}) = \frac{175}{4} - 28 = \mathbf{\frac{63}{4}}$$

とわかる．

【6】 [解答：670000]

$n = 100$ とおく．多項式 $S(x_1, x_2, \cdots, x_{2n})$ を $(\pm x_1 \pm x_2 \cdots \pm x_{2n})^2$ の複号
のうちちょうど n 個が正で残りが負であるようなもの全 ${}_{2n}\mathrm{C}_n$ 個の総和とする．
求める値は $\dfrac{S(1, 2, \cdots, 2n)}{{}_{2n}\mathrm{C}_n}$ である．$S(x_1, x_2, \cdots, x_{2n})$ は $x_1, \cdots, x_{2n}$ について
対称な 2 次斉次式であるから，定数 a, b を用いて

$$\frac{S(x_1, x_2, \cdots, x_{2n})}{{}_{2n}\mathrm{C}_n} = a(x_1^2 + x_2^2 + \cdots + x_{2n}^2) + b(x_1 + x_2 + \cdots + x_{2n})^2$$

と表される．ここで，各項 $(\pm x_1 \pm x_2 \cdots \pm x_{2n})^2$ について次が成り立つ：

- $x_1^2, x_2^2, \cdots, x_{2n}^2$ の係数は 1 である．

- $(x_1, x_2, \cdots, x_{2n}) = (1, 1, \cdots, 1)$ を代入すると 0 になる．

前者から $a + b = 1$ を得る．また，後者から $S(1, 1, \cdots, 1) = 0$ であり，$a + 2nb = 0$ を得る．したがって，$a = \dfrac{2n}{2n-1}, b = -\dfrac{1}{2n-1}$ となる．

$$1 + 2 + \cdots + 2n = n(2n + 1), \quad 1^2 + 2^2 + \cdots + (2n)^2 = \frac{n(2n+1)(4n+1)}{3}$$

より，

38　第 1 部　日本数学オリンピック 予選

$$\frac{S(1,2,\cdots,2n)}{{}_{2n}\mathrm{C}_n} = \frac{2n}{2n-1}\cdot\frac{n(2n+1)(4n+1)}{3} - \frac{1}{2n-1}\cdot(n(2n+1))^2$$

$$= \frac{n^2(2n+1)}{3} = \frac{100^2\cdot 201}{3} = \mathbf{670000}$$

である.

【7】　[解答：7]

$$a^2 + b^2 + c^2 + d^2 = (a+b+c+d)^2$$

$$- (a+b)(c+d) - (a+c)(b+d) - (a+d)(b+c)$$

$$= (a+b+c+d)^2 - 9$$

である. また,

$$((a+d)+(b+c))^2 - 4(a+d)(b+c) = ((a+d)-(b+c))^2 \geqq 0$$

より,

$$(a+b+c+d)^2 \geqq 4(a+d)(b+c) = 16$$

である. よって,

$$a^2 + b^2 + c^2 + d^2 \geqq 16 - 9 = 7$$

である. 等号が成立することは $a+b+c+d = \pm 4$ と同値であり, 例えば

$$(a,b,c,d) = \left(\frac{3+\sqrt{2}}{2}, \frac{1+\sqrt{2}}{2}, \frac{3-\sqrt{2}}{2}, \frac{1-\sqrt{2}}{2}\right)$$

のとき等号が成立し, かつ問題の条件をみたすことがわかる. 以上より求める値は **7** である.

【8】　[解答：$\frac{3\sqrt{10}}{5}$]

ω が辺 CA, AB に接する点をそれぞれ E, F とおく. また, $\mathrm{AX} = x$ とおく. すると, $\mathrm{XD} = 3x$, $\mathrm{BC} = 10x$ である.

方べきの定理より, $\mathrm{AE}^2 = \mathrm{AF}^2 = \mathrm{AX}\cdot\mathrm{AD} = 4x^2$ であるから, $\mathrm{AE} = \mathrm{AF} = 2x$ である. ω は三角形 ABC の内接円なので, $\mathrm{BD} = \mathrm{BF}$, $\mathrm{CD} = \mathrm{CE}$ であるから,

$$\mathrm{AB} + \mathrm{BC} + \mathrm{CA} = \mathrm{AF} + \mathrm{FB} + \mathrm{BD} + \mathrm{DC} + \mathrm{CE} + \mathrm{EA}$$

$$= \mathrm{AF} + 2(\mathrm{BD} + \mathrm{DC}) + \mathrm{EA}$$

$$= \mathrm{AF} + 2\mathrm{BC} + \mathrm{EA} = 24x$$

である．内接円の半径が 1 なので，三角形 ABC の面積を S とすれば，

$$S = \frac{1}{2} \cdot 1 \cdot (\mathrm{AB} + \mathrm{BC} + \mathrm{CA}) = \frac{1}{2} \cdot 1 \cdot 24x = 12x$$

が成り立つ．

一方，点 A から直線 BC におろした垂線の足を P とおけば，$S = \frac{1}{2}\mathrm{AP} \cdot \mathrm{BC} =$ $5\mathrm{AP} \cdot x$ である．ゆえに，$12x = 5\mathrm{AP} \cdot x$ なので，$\mathrm{AP} = \frac{12}{5}$ である．さらに，点 X から直線 BC におろした垂線の足を Q とすると，三角形 DAP と三角形 DXQ は相似で，$\mathrm{DA} : \mathrm{DX} = 4 : 3$ であるから，$\mathrm{XQ} = \frac{12}{5} \cdot \frac{3}{4} = \frac{9}{5}$ である．

点 D$'$ を，線分 DD$'$ が ω の直径となるようにとる．すると，$\angle \mathrm{XQD} = \angle \mathrm{DXD}' = 90°$，$\angle \mathrm{QXD} = \angle \mathrm{XDD}'$ より，三角形 DXQ と三角形 D$'$DX は相似である．よって，$\mathrm{XQ} : \mathrm{XD} = \mathrm{DX} : \mathrm{DD}'$ であるから，$\mathrm{XD} = \sqrt{\mathrm{XQ} \cdot \mathrm{DD}'} = \sqrt{\frac{9}{5} \cdot 2} = \dfrac{3\sqrt{10}}{5}$ を得る．

【9】　[解答：1980 個]

与えられた条件をみたすような (a, b) の組の個数が，1 以上 2016 以下の整数のうち 2016 の約数でないものの個数に一致することを示す．

まず，(a, b) が与えられた条件をみたすとする．このとき，ある正の整数 k, l があって，

$$a = k(b+1), \quad 2016 - a = lb$$

が成り立つ．この 2 式の両辺をそれぞれ足しあわせて，$2016 = (k+l)b + k$ を得る．$k + l = m$ とおくと，k, m はともに正の整数であり，$m > k$ かつ $2016 = mb + k$ をみたす．すなわち，b は 2016 を m で割ったときの商であり，k は余りである．$k > 0$ より m は 2016 を割りきらない．また，$b \geqq 1$ であることから $m \leqq 2016$ である．よって，m は 1 以上 2016 以下の整数であり，2016 の約数

40　第 1 部　日本数学オリンピック 予選

ではない.

　逆に, m を 1 以上 2016 以下の整数のうち 2016 の約数でないようなものとする. 2016 を m で割ったときの商を b, 余りを k とおく. $1 \leqq m \leqq 2016$ なので, $1 \leqq b \leqq 2016$ である. また, $b = 2016$ となるのは $m = 1$ のときのみであり, m は 2016 の約数ではないのでこれはありえない. したがって b は 1 以上 2015 以下の整数である. さらに, 同じく m が 2016 を割りきらないことから, $1 \leqq k < m$ もわかる. したがって, $l = m - k$ とおくと l は正の整数である. このとき, $2016 = (k+l)b + k$ なので, $a = k(b+1)$ とおくと $2016 - a = lb$ である. ここで b, k, l が正の整数であることから a と $2016 - a$ はともに正の整数である. よって, a は 1 以上 2015 以下の整数であり, a は $b + 1$ の倍数, $2016 - a$ は b の倍数であることがわかった. すなわち, (a, b) は与えられた条件をみたす.

　このようにして, 与えられた条件をみたす (a, b) と, 1 以上 2016 以下の整数のうち 2016 の約数でないものとの間に 1 対 1 の対応が得られた. $2016 = 2^5 \cdot 3^2 \cdot 7$ であるので, 2016 の正の約数は $(5+1)(2+1)(1+1) = 36$ 個である. したがって, 求める整数の組 (a, b) の個数は, $2016 - 36 = \mathbf{1980}$ 個である.

【10】　[解答: $1 - \dfrac{1}{3 \cdot 2^{1008} - 2}$]

　最初に A 君がいた位置を S とする. この点を固定して考える.

$$a_i = \frac{2^i - 1}{3 \cdot 2^{1008} - 2} \quad (1 \leqq i \leqq 1009), \qquad a_i = 1 - \frac{2^{2017-i} - 1}{3 \cdot 2^{1008} - 2} \quad (1009 \leqq i \leqq 2016)$$

とし ($i = 1009$ の場合はどちらの定義も一致することに注意せよ), S から時計回りに a_i 移動した点を F_i とする. F_i から時計回りに F_{i+1} まで移動する際に通過する区間を I_i (端点も含む) とおく ($1 \leqq i \leqq 2015$). S から時計回りに F_1 まで移動する際に通過する区間を I_0, F_{2016} から時計回りに S まで移動する際に通過する区間を I_{2016} とする.

　各 F_i に旗を配置した場合における旗を回収するのに必要な移動距離の最小値を m とおく. S から時計回りに 1 移動して再び S に戻ってくると明らかにすべての旗を回収できるので, $m \leqq 1$ である. A 君の移動距離が 1 未満であるとすると円周上には A 君が通らない点がある. その点が I_i にあるとする. それぞれの場合について次のことが言える:

- $1 \leqq i \leqq 2015$ のとき. F_i の後に F_{i+1} を通る場合少なくとも $2a_i + (1 - a_{i+1})$, F_{i+1} の後に F_i を通る場合少なくとも $a_i + 2(1 - a_{i+1})$ 移動しなくてはならない. よって, $1 \leqq i \leqq 1008$ のとき, $a_i \leqq 1 - a_{i+1}$ に注意すると,

$$a_i + 2(1 - a_{i+1}) \geqq 2a_i + (1 - a_{i+1}) = 1 - \frac{1}{3 \cdot 2^{1008} - 2}$$

であり, また $1009 \leqq i \leqq 2015$ のとき, $1 - a_{i+1} \leqq a_i$ に注意すると,

$$2a_i + (1 - a_{i+1}) \geqq a_i + 2(1 - a_{i+1}) = 1 - \frac{1}{3 \cdot 2^{1008} - 2}$$

である.

- $i = 0$ のとき. S から F_1 まで反時計回りに移動しなくてはならないので, 少なくとも $1 - a_1 = 1 - \frac{1}{3 \cdot 2^{1008} - 2}$ 移動しなくてはならない.

- $i = 2016$ のとき. S から F_{2016} まで時計回りに移動しなくてはならないので, 少なくとも $a_{2016} = 1 - \frac{1}{3 \cdot 2^{1008} - 2}$ 移動しなくてはならない.

よって, $m \geqq 1 - \frac{1}{3 \cdot 2^{1008} - 2}$ が成り立つ.

任意の配置について, 距離 $1 - \frac{1}{3 \cdot 2^{1008} - 2}$ の移動で旗をすべて回収できることを示す. 区間 I_i は全部で 2017 個で旗は 2016 本なので, 鳩の巣原理より, I_i の内部に旗がないような i が存在する. $1 \leqq i \leqq 1008$ のとき. A 君は S から時計回りに F_i まで行き, その後反時計回りに F_{i+1} まで行くとすべての旗を回収でき, 移動距離は $2a_i + (1 - a_{i+1}) = 1 - \frac{1}{3 \cdot 2^{1008} - 2}$ となる. $1009 \leqq i \leqq 2015$ のとき. A 君は S から反時計回りに F_{i+1} まで行き, その後時計回りに F_i まで行くとすべての旗を回収でき, 移動距離は $a_i + 2(1 - a_{i+1}) = 1 - \frac{1}{3 \cdot 2^{1008} - 2}$ となる. $i = 0$ のとき. S から反時計回りに F_1 まで移動するとすべての旗を回収でき, 移動距離は $1 - a_1 = 1 - \frac{1}{3 \cdot 2^{1008} - 2}$ となる. $i = 2016$ のとき, S から時計回りに F_{2016} まで移動するとすべての旗を回収でき, 移動距離は $a_{2016} = 1 - \frac{1}{3 \cdot 2^{1008} - 2}$ となる. よって, 示された.

42　第 1 部　日本数学オリンピック 予選

したがって, 求める値は $1 - \dfrac{1}{3 \cdot 2^{1008} - 2}$ である.

【11】　[**解答**：2940 個]

$m = a + b$ とし, 1000 を m で割った商を q, 余りを r とする. (a, b) が条件を
みたす必要十分条件は,「a と b が互いに素」かつ「r が $0, 1, m-1$ のいずれか」
であることを示そう.

まず必要性を示す. 条件をみたす (a, b) が互いに素であることは明らかである.
正の整数 n を m で割った余りを $\overline{n}$ で表すことにする. また, $\overline{x_1}, \overline{x_2}, \cdots, \overline{x_{1000}}$
と $\overline{1}, \overline{2}, \cdots, \overline{1000}$ は各値が同じ回数現れており, $\overline{x_1 + a}, \overline{x_2 + a}, \cdots, \overline{x_{1000} + a}$ と
$\overline{1 + a}, \overline{2 + a}, \cdots, \overline{1000 + a}$ は各値が同じ回数現れている. $\overline{x_{i+1}} = \overline{x_i + a}$ であ
るため, $\overline{1}, \overline{2}, \cdots, \overline{1000}$ と $\overline{1 + a}, \overline{2 + a}, \cdots, \overline{1000 + a}$ の重複を除いて考えると,
$\overline{1000 + 1}, \overline{1000 + 2}, \cdots, \overline{1000 + a}$ は $1, 2, \cdots, a$ から $\overline{x_1}$ を除き $\overline{x_{1000} + a}$ を加え
たものであり, $a \geqq 2, m > a + 1$ より $1 + \varepsilon, 2 + \varepsilon, \cdots, a + \varepsilon$ $(\varepsilon = 0, \pm 1)$ と一致
する. したがって, $\overline{1000} = \overline{\varepsilon}$ であり, r が $0, 1, m-1$ のいずれかである.

十分性を示す. 1 以上 a 以下の整数 k をとり, $x_1 = k$ とする. $i = 1, 2, \cdots, m$
に対し x_i を $x_1 = k$ から順に $x_{i-1} \leqq b$ ならば $x_i = x_{i-1} + a$, $x_{i-1} \geqq b + 1$ な
らば $x_i = x_{i-1} - b$ と定義する. このとき $x_1, \cdots, x_m$ は 1 以上 m 以下になり,
$\overline{x_{i+1}} = \overline{x_i + a}$ であることと a と m は互いに素であることから $1, 2, \cdots, m$ を並
べ替えたものとなることがわかる. そして, $\overline{x_m} = \overline{k + a(m-1)} = \overline{k + b}$ から
$x_m = k + b$ となる. そこで, 整数の無限列 $x_1, x_2, \cdots$ を $x_{i+m} = x_i + m$ によ
り定めると $x_{i+1} = x_i + a$ または $x_{i+1} = x_i - b$ となる. $r = 0, 1$ のとき $k = 1$,
$r = m - 1$ のとき $k = a$ ととると, 最初の 1000 項が条件をみたす数列になって
いる.

さて, 上で示した必要十分条件をみたす (a, b) の組の数を求める. 正の整数
n に対して, 2 以上の互いに素な整数の組 (a, b) で $a + b$ が n を割りきるものの
の個数を $\alpha(n)$ とおく. 正の整数 n に対して, 互いに素な正の整数の組 (a, b) で
$a + b$ が n を割りきるものは, $a' + b' = n$ なる正の整数の組 (a', b') をその最大公
約数で割ったものに 1 対 1 に対応するので $n - 1$ 個存在する. この中で (a, b) の
一方が 1 であるものは d を n の 1 以外の約数として $(1, d-1)$ または $(d-1, 1)$
の形であるから, $d(n)$ を n の約数の個数として n が偶数のときは $2d(n) - 3$ 個,

n が奇数のときは $2d(n) - 2$ 個である. a, b が 2 以上になる組の個数が $\alpha(n)$ であるから,

$$\alpha(n) = \begin{cases} n - 2d(n) + 2 & (n \text{ が偶数のとき}) \\ n - 2d(n) + 1 & (n \text{ が奇数のとき}) \end{cases}$$

となる. また, $999 = 3^3 \cdot 37$, $1000 = 2^3 \cdot 5^3$, $1001 = 7 \cdot 11 \cdot 13$ より $d(999) = 8$, $d(1000) = 16$, $d(1001) = 8$ である. $a + b > 3$ より $a + b$ で割りきれる n は $999, 1000, 1001$ のうち高々 1 つなので, 求める値は $\alpha(999) + \alpha(1000) + \alpha(1001)$ と表せ, $(999 - 2 \cdot 8 + 1) + (1000 - 2 \cdot 16 + 2) + (1001 - 2 \cdot 8 + 1) = \mathbf{2940}$ 組の (a, b) が条件をみたすことがわかる.

【12】　[解答：503]

その人が正直者であるか嘘つきであるかをその人の**属性**とよぶことにする. $a = 1, 2, \cdots, 2015$ に対し, a が偶数のとき $\tilde{a} = a$, a が奇数のとき $\tilde{a} = 2016 - a$ とする.

まず $T \geqq 504$ の場合に正直者全員を決定できない場合があることを示す. 村人 1, 村人 3, $\cdots$, 村人 2015 のうち 504 人を選び A とおき, 残りの 504 人を B とおく. ここで, **仮想的な配り方**を以下のように定義する:

- 村人 i と村人 $i + k_n$ について属性が一致するならば, 村人 i の手紙を村人 $i + k_n$ に届ける.

- 村人 i と村人 $i + k_n$ について属性が一致しないならば, 村人 $i + k_n$ の手紙を村人 i に届ける.

ただし, 仮想的な配り方においてはある人から 2 人に手紙が送られたり, ある人から手紙が誰にも送られないこともありうる. 一般に, 正直者は仮想的な配り方ともとの配り方で同じ手紙を受け取る.

仮想的な配り方において, A が嘘つきであり $k_n = a_n$ である場合と, B が嘘つきであり $k_n = \widetilde{a_n}$ である場合に誰の手紙が誰に届くかは一致する. したがって, A が嘘つきで $k_n = a_n$ であって, 嘘つきが仮想的な配り方をされたときの正直者と同じ行動をする場合と, B が嘘つきで $k_n = \widetilde{a_n}$ であって, 嘘つきが仮

想的な配り方をされたときの正直者と同じ行動をする場合では，村人 0 が受け取る手紙は一致する．よって，この 2 通りの場合を区別できず，正直者全員を決定することはできない．

次に $T \leqq 503$ ならば正直者全員を決定できることを示す．1 日に 2 通の手紙が届いたとき，その手紙の差出人 2 人の属性が異なることがわかる．また，村人 i のもとに 1 日に 1 通のみ手紙が届きその手紙が村人 $i+k$ からのものだった場合，村人 $i+k$ と村人 $i-k$ は属性が異なることがわかる．よって，村人 i は十分な時間が経った後，$k = 1, 2, \cdots, 1007$ について村人 $i+k$ と村人 $i-k$ の属性が同じか異なるかがわかる．あなたは村人にこの情報を手紙に書くように指示を出す．このとき，十分時間が経った後にあなたにとってありうる正直者の集合が 2 通り以上あったとして矛盾を導く．ありうる正直者の集合を 2 つとりその共通部分を S とおく．$T \leqq 503$ より，S の元の個数は 1010 以上であるので，村人 s, 村人 $s+1$ がともに正直者であるような 0 以上 2015 以下の整数 s が存在する．すると村人 s の人の情報により，村人 j と村人 $2s-j$ の属性が同じであるか異なるかがわかり，村人 $s+1$ の人の情報により，村人 $j+2$ と村人 $2s-j$ の属性が同じであるか異なるかがわかるので，2 つの情報をあわせることで任意の j について j と $j+2$ の属性が同じかわかる．よって，$s, s+1$ は S の元であったことに注意すると，これを使って全員の属性を決定できてしまい，とった正直者の集合 2 つが相異なるものであったことに矛盾する．よって正直者全員を決定できることがわかる．

以上より求める答は **503** である．

1.4　第27回 日本数学オリンピック 予選 (2017)

● 2017年1月9日 [試験時間 3 時間，12 問]

1.　四角形 ABCD は ∠A = ∠B = ∠C = 30°, AB = 4, BC = $2\sqrt{3}$ をみたす．このとき四角形 ABCD の面積を求めよ．ただし，XY で線分 XY の長さを表すものとする．

2.　正の整数の組 (a, b) であって，$a < b, ab = 29!$ をみたし，かつ a と b が互いに素であるようなものはいくつあるか．

3.　図のように，長方形 ABCD を辺に平行な 4 本の直線によって 9 個の領域に分割し，交互に黒と白で塗った．

$$AP = 269, \quad PQ = 292, \quad QB = 223,$$
$$AR = 387, \quad RS = 263, \quad SD = 176$$

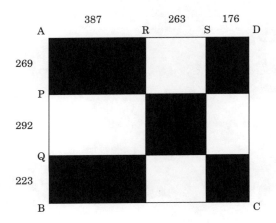

のとき，黒く塗られた部分の面積から白く塗られた部分の面積を引いた値を求めよ．

ただし，XY で線分 XY の長さを表すものとする．

4. 相異なる 3 点 D, B, C は同一直線上にあり，DB = BC = 2 である．点 A は AB = AC をみたし，直線 AC と直線 DC にそれぞれ A, D で接する円 Γ が存在するとする．Γ と直線 AB の交点のうち A でない方を E とし，直線 CE と Γ の交点のうち E でない方を F とするとき，線分 EF の長さを求めよ．ただし，XY で線分 XY の長さを表すものとする．

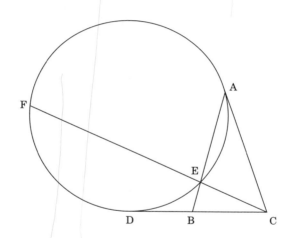

5. $a + b = c + d + e = 29$ となる，相異なる正の整数の組 (a, b, c, d, e) はいくつあるか．

6. 整数からなる数列 $x_1, x_2, \cdots$ を以下のように定めるとき，x_{144} の値を求めよ．

   - $x_1 = 1, \quad x_2 = x_3 = \cdots = x_{13} = 0$.
   - $x_{n+13} = x_{n+5} + 2x_n \quad (n = 1, 2, \cdots)$.

7. $1, 2, \cdots, 1000$ の並べ替え $a_1, a_2, \cdots, a_{1000}$ がよい並べ替えであるとは，次をみたすこととする：

1000 以下の正の整数 m, n に対し, n が m の倍数ならば, a_n は a_m の倍数である.

このとき, 次の条件をみたす最小の正の整数 k の値を求めよ.

条件：$b_k \neq k$ をみたすよい並べ替え $b_1, b_2, \cdots, b_{1000}$ が存在する.

8. 　三角形 ABC の辺 BC 上に 2 点 D, E がある. 4 点 B, D, E, C はこの順に並んでおり, $\angle\mathrm{BAD} = \angle\mathrm{ACE}$, $\angle\mathrm{ABD} = \angle\mathrm{CAE}$ であるとする. 三角形 ABE の外接円と三角形 ADC の外接円の A と異なる交点を X とおき, AX と BC の交点を F とする. $\mathrm{BF} = 5, \mathrm{CF} = 6, \mathrm{XD} = 3$ のとき, 線分 XE の長さを求めよ. ただし, PQ で線分 PQ の長さを表すものとする.

9. 　$1, 2, \cdots, 2017$ の並べ替え $\sigma = (\sigma(1), \sigma(2), \cdots, \sigma(2017))$ について, $\sigma(i) = i$ となる $1 \leqq i \leqq 2017$ の個数を $F(\sigma)$ とする. すべての並べ替え σ について $F(\sigma)^4$ を足し合わせた値を求めよ.

10. 　三角形 ABC は $\angle B = 90°$, $\mathrm{AB} = 8$, $\mathrm{BC} = 3$ をみたす. 辺 BC 上に点 P, 辺 CA 上に点 Q, 辺 AB 上に点 R があり, $\angle\mathrm{CRP} = \angle\mathrm{CRQ}$, $\angle\mathrm{BPR} = \angle\mathrm{CPQ}$ をみたす. また, 三角形 PQR の周の長さは 12 である. このとき, Q から辺 BC におろした垂線の長さを求めよ.

　ただし, XY で線分 XY の長さを表すものとする.

11. 　あるクラスには 30 人の生徒がいて, 出席番号 $1, 2, \cdots, 30$ が割り当てられている. このクラスでいくつかの問題からなるテストを実施した. 先生が採点をしたところ, $\{1, 2, \cdots, 30\}$ の部分集合 S に対する次の 2 つの命題が同値であることに気がついた.

1. どの問題についても, ある S の元 k があって, 出席番号 k の生徒が正答している.

2. S は 1 以上 30 以下の 2 の倍数をすべて含む, または, 1 以上 30 以下の 3 の倍数をすべて含む, または, 1 以上 30 以下の 5 の倍数をすべて含む.

48　第 1 部　日本数学オリンピック 予選

このとき，テストに出題された問題の数としてありうる最小の値を求めよ．

12. 　上司と部下が次のようなゲームを行った際に，部下が最初にいるマスやその行動によらず，上司が勝つことができるような正の整数 X のうち最小の値を a_n とする．

　n を正の整数とし，$n \times n$ のマス目のあるマスに部下がいる．上司と部下は以下の行動を交互に繰り返し，部下がこのマス目内で行動することができなくなった場合上司の勝ちである．

　　上司の行動：部下がいるマスを確認し，X 個のマスを選ぶ．

　　部下の行動：上下左右に隣り合うマスに動くことを 0 回以上 4 回以下行うことで，上司が選んだ X 個のマス以外のマスに移動する．

　さて，$a_n = a_{2017}$ をみたす最小の n の値を求めよ．

1.4. 第 27 回 日本数学オリンピック 予選 (2017)　49

解答

【1】 [解答 : $\frac{3\sqrt{3}}{2}$]

点 A, C を線分で結ぶとき，三角形 ABC は $AB : BC = 2 : \sqrt{3}$, $\angle ABC = 30°$ をみたすので，$AC = \frac{1}{2}AB = 2$, $\angle BAC = 60°$, $\angle BCA = 90°$ となる．よって，$\angle DAC = 30°$, $\angle DCA = 60°$ であり，$DA = \frac{\sqrt{3}}{2}AC = \sqrt{3}$, $DC = \frac{1}{2}AC = 1$ となる．したがって，四角形 ABCD の面積は，$\frac{1}{2} \cdot AC \cdot BC - \frac{1}{2} \cdot DC \cdot DA = \frac{1}{2} \cdot 2 \cdot 2\sqrt{3} - \frac{1}{2} \cdot 1 \cdot \sqrt{3} = \boldsymbol{\frac{3\sqrt{3}}{2}}$ である．

【2】 [解答 : 512 個]

29 以下の素数は $2, 3, 5, 7, 11, 13, 17, 19, 23, 29$ の 10 通りなので，$29!$ の相異なる素因数は 10 個である．$29!$ を素因数分解して，$p_1{}^{r_1} p_2{}^{r_2} \cdots p_{10}{}^{r_{10}}$ と表す ($r_i \geqq 1$)．a と b は互いに素だから，$29!$ の各素因数 p_i について，a が $p_i{}^{r_i}$ の倍数になるか b が $p_i{}^{r_i}$ の倍数になるかの 2 通り考えられる．したがって，$ab = 29!$ であり互いに素な (a, b) の個数は 2^{10} 個である．この中で $a < b$ になる組と $b < a$ になる組の個数は同じで，$a = b$ になることは互いに素という条件からありえないので，求める個数は $\frac{2^{10}}{2} = \boldsymbol{512}$ である．

【3】 [解答 : 60000]

$(269 - 292 + 223)(387 - 263 + 176)$ を展開すると，9 個の項が出てくる．このうち符号が正の項は 5 個あり，その和が黒く塗られた部分の面積である．また，符号が負の項は 4 個あり，その絶対値の和が白く塗られた部分の面積である．したがって，答はこの式の値 $(269 - 292 + 223)(387 - 263 + 176) = 200 \cdot 300 = \boldsymbol{60000}$ である．

【4】 [解答 : 6]

1 点からある円に引いた接線の長さは等しいので，$CD = AC = AB = 4$. 方

50　第 1 部　日本数学オリンピック 予選

べきの定理より，$BE \cdot BA = BD^2 = BC^2$ なので三角形 BEC と三角形 BCA は相似である．また，その相似比は $1:2$ なので，$EB = 1$，$EC = 2$，$EA = 3$ である．さらに接弦定理より，$\angle BCE = \angle BAC = \angle EFA$ なので直線 AF と直線 CB は平行である．したがって三角形 EBC と三角形 EAF は相似であり，$EF = EC \cdot \dfrac{EA}{EB} = \mathbf{6}$ となる．

【5】　[解答：7392 個]

正の整数の組 (c, d, e) が $c + d + e = 29$ をみたすとき，$1 \leqq c < c + d \leqq 28$ より，$(c, c+d)$ としてありうるのは，${}_{28}\mathrm{C}_2$ 個である．それぞれに対し，$c + d + e = 29$ をみたす正の整数の組 (c, d, e) が一意に存在するので，このような組 (c, d, e) は ${}_{28}\mathrm{C}_2$ 個である．一方，この中で c, d, e の中に等しいものがあるような組は，$(k, k, 29 - 2k)$ $(k = 1, 2, 3, \cdots, 14)$ とその並べ替えだが，どの k についても $k \neq 29 - 2k$ であるから，これらは合わせて $14 \cdot 3 = 42$ 個ある．したがって，$c + d + e = 29$ をみたす相異なる正の整数の組 (c, d, e) の個数は，${}_{28}\mathrm{C}_2 - 42 = 336$ となる．

次に，それぞれの (c, d, e) に対して，問題の条件をみたすような (a, b) の個数を考える．$a + b = 29$ となる相異なる正の整数の組 (a, b) は，a が 1 以上 28 以下の整数で，$b = 29 - a$ となっているものすべてなので，28 個ある．このうち問題の条件をみたさないものは，a または $29 - a$ が c, d, e のいずれかと一致しているとき，すなわち，a が $c, d, e, 29 - c, 29 - d, 29 - e$ のいずれかと一致するときであり，そのときに限る．また，c, d, e のうち，どの異なる 2 つの和も 29 にならないことに注意すると，$c, d, e, 29 - c, 29 - d, 29 - e$ は相異なることがわかる．よって，条件をみたす (a, b) の個数は $28 - 6 = 22$ である．

以上より，求める個数は，$336 \cdot 22 = \mathbf{7392}$ となる．

【6】　[解答：2888]

まず次の場合の数を考える：

長さ 8 の白い棒，長さ 13 の青い棒，長さ 13 の赤い棒がたくさんある．左端は赤い棒か青い棒であり，全体の長さが n であるように並べる場合の数を y_n とする．

このとき, $y_1 = y_2 = \cdots = y_{12} = 0, y_{13} = 2$ であることはすぐわかる. また $n = 1, 2, \cdots$ について, 全体の長さが $n + 13$ となるもののうち, 右端が白い棒である場合の数は y_{n+5} であり, 右端が青い棒か赤い棒である場合の数は $2y_n$ であるので $y_{n+13} = y_{n+5} + 2y_n$ をみたすことがわかる. 一方, $x_2 = x_3 = \cdots = x_{13} = 0, x_{14} = x_6 + 2x_1 = 2$ であり, $x_{n+13} = x_{n+5} + 2x_n$ が成り立つので, $y_n = x_{n+1}$ であることが帰納的にいえる.

よって y_{143} を求めればよい. 左端の赤い棒か青い棒を除いた残りの長さ 130 の部分について考える. $13m + 8n = 130$ をみたす非負整数の組 (m, n) は $(m, n) = (10, 0), (2, 13)$ がありえるので, 赤い棒と青い棒が計 10 本である場合と, 赤い棒か青い棒が計 2 本で白い棒が 13 本である場合がある. 前者は 10 箇所について赤い棒か青い棒がありえるので, $2^{10} = 1024$ 通りである. 後者は白い棒の配置が ${}_{15}C_2 = 105$ 通りで, 残りの 2 箇所については赤い棒か青い棒がありえるので, $105 \cdot 2^2 = 420$ 通りである. 左端も 2 通りありえるので, $y_{143} = 2 \cdot (1024 + 420) = 2888$ となる.

したがって $x_{144} = y_{143} = \mathbf{2888}$ となる.

【7】　[解答 : 59]

実数 r に対して r を超えない最大の整数を $[r]$ で表す.

$a_1, \cdots, a_{1000}$ がよい並べ替えであるとする. $n < 1000$ とすると, 条件より, 1000 以下の正の整数のうちで a_n の倍数の個数は n の倍数の個数以上なので

$$\frac{1000}{n} - 1 < \left[\frac{1000}{n}\right] \leqq \left[\frac{1000}{a_n}\right] \leqq \frac{1000}{a_n}$$

である. よって $a_n < \dfrac{1000n}{1000 - n}$ である. $n \leqq 31$ のとき, $\dfrac{1000n}{1000 - n} \leqq n + 1$ なので $a_n \leqq n$ であり, 帰納的に $a_n = n$ がわかる. また, $n \leqq 43$ のとき, $\dfrac{1000n}{1000 - n} \leqq n + 2$ なので $a_n \leqq n + 1$ であり, $n \leqq 61$ のとき, $\dfrac{1000n}{1000 - n} \leqq n + 4$ なので $a_n \leqq n + 3$ である.

n が 2 以上の合成数のとき, $a_n \geqq 2$ で a_n の約数の個数は n の約数の個数以上なので a_n も合成数である. また, n が 32 以上 61 以下の合成数のとき, n は 4 以上 31 以下の約数 d をもつが, このとき a_n は $a_d = d$ の倍数より, $a_n > n$

と仮定すると $a_n \geqq n + d \geqq n + 4$ となり矛盾. よって $a_n \leqq n$ である.

さて, k を $a_k \neq k$ をみたす最小の整数とする. $k \leqq 58$ であると仮定すると, $k \geqq 32$ であり, $a_k > k$ より k は素数である. よって k は 37, 41, 43, 47, 53 のいずれかなので, k より大きい最小の素数を p とすると, $a_k \leqq k + 1$ $(k \leqq 43)$ および $a_k \leqq k + 3$ を用いて, $a_k < p \leqq 59$ がいえる. よって $i = k+1, k+2, \cdots, a_k$ に対し, i は合成数で 61 以下なので, $a_i \leqq i$ で, $a_i \neq k$ であるから, 帰納的に $a_i = i$ である. 特に $a_{a_k} = a_k$ がわかり, $a_k \neq k$ に矛盾. よって $k \geqq 59$ がいえた.

一方, $b_{59m} = 61m$ $(1 \leqq m \leqq 16)$, $b_{61m} = 59m$ $(1 \leqq m \leqq 16)$, 59 でも 61 でも割りきれない 1000 以下の整数 n に対しては $b_n = n$ とすると, これはよい並べ替えとなる (1000 以下の正の整数のうち 59 の倍数, 61 の倍数はともに 16 個で, 59 でも 61 でも割りきれる整数は存在しないことに注意). 実際, 1000 以下の正の整数 m, n に対し n が m の倍数で, m が 59 の倍数なら, n も 59 の倍数で $\frac{b_n}{b_m} = \frac{n}{m}$ となるから b_n は b_m の倍数. m が 61 の倍数のときも同様である. m, n がともに 59 でも 61 でも割りきれないときはよい. n が 59 の倍数で m は 59 でも 61 でも割りきれないとき, $n = 59n_1$ (n_1 は m の倍数) と表せて, $\frac{b_n}{b_m} = \frac{61n_1}{m}$ だからよい. n が 61 の倍数の場合も同様. よって, $b_1, \cdots, b_{1000}$ がよい並べ替えであることが確かめられた. 以上より, 求める最小値は **59** である.

【8】　[解答 : $\dfrac{3\sqrt{30}}{5}$]

$\angle BAD = \angle ACD$ であるから, 接弦定理の逆より三角形 ACD の外接円は点 A で直線 AB に接する. よって $\angle BAX = \angle ACX$ である. 同様にして $\angle ABX = \angle CAX$ であるから, 三角形 ABX と CAX は相似である. また, $\angle ABD = \angle CAE$, $\angle BAD = \angle ACE$ より, D と E はこの相似で対応する点である. $BF : CF = 5 : 6$ より三角形 ABX と CAX の面積比は $5 : 6$ であるから, 相似比は $\sqrt{5} : \sqrt{6}$ となる. したがって $XD : XE = \sqrt{5} : \sqrt{6}$ となり, $XE = \dfrac{\mathbf{3\sqrt{30}}}{\mathbf{5}}$ を得る.

【9】　[解答 : $15 \cdot 2017!$]

一般に, $1, 2, \cdots, n$ の並べ替え $\sigma = (\sigma(1), \sigma(2), \cdots, \sigma(n))$ について, $\sigma(i) =$

i となる i を**不動点**とよぶことにする．正の整数 n と n 以下の非負整数 k について，$S(n,k)$ で不動点が k 個であるような $1, 2, \cdots, n$ の並べ替えの個数としよう．ここで，次の補題が成り立つ．

補題　$n > i$ なる正の整数 n, i について，$\displaystyle\sum_{k=0}^{n} {}_k\mathrm{P}_i \cdot S(n,k) = n!$ が成り立つ．ただし $k < i$ のとき ${}_k\mathrm{P}_i = 0$ とする．

証明　不動点が i 個以上あるような並べ替えを選んでからその中で特別な不動点を i 個選ぶ場合の数は，i 個特別な不動点を選んでから残りの $n-i$ 個を任意に並べ替える場合の数に等しいから，

$$\sum_{k=i}^{n} {}_k\mathrm{C}_i \cdot S(n,k) = {}_n\mathrm{C}_i \cdot (n-i)! \qquad \therefore \ \sum_{k=i}^{n} {}_k\mathrm{P}_i \cdot S(n,k) = n!$$

である．$k < i$ で ${}_k\mathrm{P}_i = 0$ より $\displaystyle\sum_{k=0}^{n} {}_k\mathrm{P}_i \cdot S(n,k) = \sum_{k=i}^{n} {}_k\mathrm{P}_i \cdot S(n,k)$ であるから示された．

ここで，

$$k^4 = k + 7k(k-1) + 6k(k-1)(k-2) + k(k-1)(k-2)(k-3)$$

$$= {}_k\mathrm{P}_1 + 7 \cdot {}_k\mathrm{P}_2 + 6 \cdot {}_k\mathrm{P}_3 + {}_k\mathrm{P}_4$$

であるから，補題で $n = 2017, i = 1, 2, 3, 4$ として，

$$\sum_{k=0}^{2017} k^4 S(2017, k) = \sum_{k=0}^{2017} ({}_k\mathrm{P}_1 + 7 \cdot {}_k\mathrm{P}_2 + 6 \cdot {}_k\mathrm{P}_3 + {}_k\mathrm{P}_4) \cdot S(2017, k)$$

$$= (1 + 7 + 6 + 1) \cdot 2017! = \mathbf{15 \cdot 2017!}$$

が求める値である．

【10】　[解答：$\dfrac{9}{2}$]

A, Q を直線 BC について対称に移動した点をそれぞれ A′, Q′ とし，Q から辺 BC におろした垂線の足を H とし，直線 QH と直線 RC の交点を X とする．$\angle$BPR $= \angle$CPQ より，3 点 R, P, Q′ は同一直線上にある．$\angle$CRP $= \angle$CRQ，CQ $=$ CQ′ なので，正弦定理より，三角形 CRQ と三角形 CRQ′ の外接円の半径は等しく，三角形 RQC と三角形 RQ′C は合同ではないので，4 点 C, Q, R,

54　第 1 部　日本数学オリンピック 予選

Q' は同一円周上にある．円周角の定理より $\angle CQ'Q = \angle CRQ$ である．$CQ =$ CQ' より $\angle CQX = \angle CQQ' = \angle CQ'Q$ であり，直線 AA' と直線 QQ' が平行であることより $\angle CAA' = \angle CQQ'$ である．以上より $\angle CQX = \angle CRQ = \angle CAR$ である．よって，三角形 XCQ，三角形 QCR，三角形 RCA は相似である．$CX :$ $CQ = 1 : k$ とすると，相似比は $1 : k : k^2$ である．同様に $\angle CQ'X = \angle CRQ' =$ $\angle CA'R$ であり，三角形 XCQ'，三角形 $Q'CR$，三角形 RCA' は相似比 $1 : k : k^2$ の相似である．以上より，$QX = a$，$XQ' = b$ とすると，$2AB \cdot 2QH = (AR +$ $RA')(QX + XQ') = (ak^2 + bk^2)(a + b) = (ak + bk)(ak + bk) = (RQ + RQ')^2$ となる．$QP = Q'P$ であり，三角形 PQR の周の長さは $RQ + RQ'$ となる．よって，$12^2 = (RQ + RQ')^2 = 2AB \cdot 2HQ = 32HQ$ となる．これを解いて $HQ = \dfrac{9}{2}$ となる．

【11】　[解答：103]

　$U = \{1, 2, \cdots, 30\}$ とおく．以下では，出席番号 k の生徒と数 k を区別しない．$A, B, C \subset U$ を

$$A = \{k \in U \mid k \text{ は } 2 \text{ の倍数}\}, \quad B = \{k \in U \mid k \text{ は } 3 \text{ の倍数}\},$$

$$C = \{k \in U \mid k \text{ は } 5 \text{ の倍数}\}$$

で定める．また，$\overline{S}$ で $S \subset U$ の U における補集合を表す．

　$S \subset U$ が A, B, C のいずれかを含むとき，S を **良い集合**，そうでないとき**悪い集合**とよぶ．$S \subset T \subset U$ のとき，S が良い集合であれば T も良い集合，T が悪い集合であれば S も悪い集合であることに注意する．S が悪い集合であり，$S \subsetneq T \subset U$ なる任意の T が良い集合であるとき，S を**極大な悪い集合**とよぶ．どの悪い集合も，ある極大な悪い集合に含まれること，異なる極大な悪い集合 S, T に対し，$S \cup T$ は良い集合であることに注意する．

　問題の仮定より，S が良い集合であるとき，S に属す誰も正答していない問題は存在しない．一方で，S が悪い集合であるとき，S に属す誰も正答していない問題が存在するので，そのような問題を 1 つ選び，Q_S とおく．ある異なる極大な悪い集合 S, T が存在し，Q_S と Q_T が同一であったと仮定する．このとき，$S \cup T$ は良い集合であるにもかかわらず，$S \cup T$ に属すいずれの生徒も

$Q_S (= Q_T)$ に正答していないので，矛盾する．よって，極大な悪い集合 S ごとに，Q_S は異なる問題であり，極大な悪い集合の個数と同数以上の問題がなければならない．他方，極大な悪い集合 S ごとに異なる問題 Q_S があり，S に属す生徒は誰も Q_S に正答しておらず，S に属さない生徒は全員 Q_S に正答している場合，題意はみたされる．以上より，求める最小値は，極大な悪い集合の個数と一致する．

$S \subset U$ が極大な悪い集合であることは，$\overline{S}$ が A, B, C のいずれとも交わり，なおかつ，$T \subsetneq \overline{S}$ なる任意の $T \subset U$ が A, B, C のいずれかと交わらないことと同値である．このような $\overline{S}$ は，以下のように分類される．

1. $A \cap \overline{B} \cap \overline{C}, \overline{A} \cap B \cap \overline{C}, \overline{A} \cap \overline{B} \cap C$ の元 1 個ずつからなるもの，$8 \cdot 4 \cdot 2 = 64$ 通り．

2. (a) $A \cap \overline{B} \cap \overline{C}, \overline{A} \cap B \cap C$ の元 1 個ずつからなるもの，$8 \cdot 1 = 8$ 通り．
   (b) $\overline{A} \cap B \cap \overline{C}, A \cap \overline{B} \cap C$ の元 1 個ずつからなるもの，$4 \cdot 2 = 8$ 通り．
   (c) $\overline{A} \cap \overline{B} \cap C, A \cap B \cap \overline{C}$ の元 1 個ずつからなるもの，$2 \cdot 4 = 8$ 通り．

3. (a) $A \cap B \cap \overline{C}, A \cap \overline{B} \cap C$ の元 1 個ずつからなるもの，$4 \cdot 2 = 8$ 通り．
   (b) $\overline{A} \cap B \cap C, A \cap B \cap \overline{C}$ の元 1 個ずつからなるもの，$1 \cdot 4 = 4$ 通り．
   (c) $A \cap \overline{B} \cap C, \overline{A} \cap B \cap C$ の元 1 個ずつからなるもの，$2 \cdot 1 = 2$ 通り．

4. $A \cap B \cap C$ の元 1 個からなるもの，1 通り．

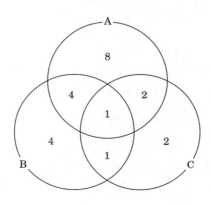

したがって，答は $64+(8+8+8)+(8+4+2)+1=\mathbf{103}$ となる．

【12】　[解答：23]

上から a 行目，左から b 列目のマスを (a,b) で表す．また，(a,b) と (a',b') の距離を $|a-a'|+|b-b'|$ とする．上司は部下のいるマス◎に対して下図の 21 マスを選ぶことで，辞書式順序 ($a<a'$ または $a=a', b<b'$ のときに $(a,b)<(a',b')$ となるような順序) の小さいマスに部下を移動させることができる．よって，$a_n \leqq 21$ である．

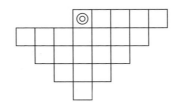

$X=20$ としたとき，そこに部下がいたときに，k 回以内の行動で上司が勝てるようなマスの集合を S_k とする．マス s からの距離が 4 以下のマスのうち S_{k-1} に含まれないものが 20 個以下であるならば，上司が最初の行動でそれらを選ぶことでその後 $k-1$ 回以下の行動で勝つことができ，$s\in S_k$ となる．ある角の周辺のマスに注目すると，下図の k が書かれているマスは S_k に含まれることが容易に確認できる．

1	1	2	3	4	5	7	9	11
1	3	4	6	8	10			
2	4	7	9					
3	6	9						
4	8							
5	10							
7								
9								
11								

$n \leqq 22$ のとき，1 行目は両端 9 マスは S_{11} に含まれ，残りのマスも S_{12} に含まれることがわかる．1 列目についても同様であるため，n の値が 1 小さい場合

に帰着することができ，$n=1$ のときには自明に上司が勝つことができるため，$a_n \leqq 20$ となる．

下図の領域では各マスについて距離 4 以下のマスが 21 個以上存在するため，$X \leqq 20$ とすると，部下はこの領域の中に留まることができる．

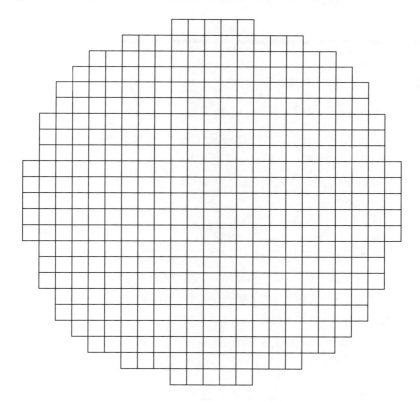

$n \geqq 23$ ではこのような領域をマス目が含むため，$a_n \geqq 21$ であることがわかり，$a_n = 21$ となる．

したがって，求める値は **23** である．

1.5 第28回 日本数学オリンピック 予選 (2018)

● 2018年1月8日 [試験時間3時間, 12問]

1. J君が九九の表に載っている数 (1以上9以下の整数2つの積として表される数) の中から5個を選んだところ, いずれも2桁であり, 一の位または十の位に0, 1, 2, 3, 4, 5, 6, 7, 8, 9がちょうど1度ずつ現れていることに気がついた. J君が選んだ数のうち, 一の位または十の位に5が現れるものを答えなさい.

ただし, 2桁の数として十の位が0であるものは考えないものとする.

2. 1以上9以下の整数が書かれたカードが1枚ずつ, 全部で9枚ある. これらを区別できない3つの箱に3枚ずつ入れる方法であり, どの箱についても, 入っている3枚のカードに書かれている数を小さい順に並べると等差数列をなすものは何通りあるか.

ただし, 3つの数 a, b, c が等差数列をなすとは, $b - a = c - b$ が成り立つことをいう.

3. 四角形ABCDが, $\angle A = \angle B = 90°$, $\angle C = 45°$, AC = 19, BD = 15 をみたすとき, その面積を求めよ. ただし, XY で線分XY の長さを表すものとする.

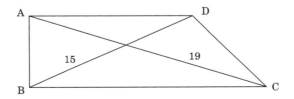

4. 1111^{2018} を 11111 で割った余りを求めよ．

5. 11個のオセロの石が1列に (a) のように並んでいる．次のように裏返すことを何回か行う：

表の色が同じで隣りあわない2つの石であって，その間にはもう一方の色の石しかないものを選ぶ．そしてその間の石をすべて同時に裏返す．

このとき，(b) のようになるまでの裏返し方は何通りあるか．

ただし，オセロの石は片面が●，もう片面が○である．

6. 三角形 ABC は直角二等辺三角形で，$\angle A = 90°$ である．その内部に3点 X, Y, Z をとったところ，三角形 XYZ は $\angle X = 90°$ であるような直角二等辺三角形であり，さらに3点 A, Y, X および B, Z, Y および C, X, Z はそれぞれこの順に同一直線上に並んでいた．$AB = 1$, $XY = \dfrac{1}{4}$ のとき，線分 AX の長さを求めよ．ただし，ST で線分 ST の長さを表すものとする．

7. 1以上12以下の整数を2個ずつ，6組のペアに分割する．i と j がペアになっているとき，$|i-j|$ の値をそのペアの**得点**とする．6組のペアの得点の総和が30となるような分割の方法は何通りあるか．

8. $a_1, a_2, \cdots, a_6$ および $b_1, b_2, \cdots, b_6$ および $c_1, c_2, \cdots, c_6$ がそれぞれ 1, 2, 3, 4, 5, 6 の並べ替えであるとき，

$$a_1b_1 + a_2b_2 + \cdots + a_6b_6 + b_1c_1 + b_2c_2 + \cdots + b_6c_6 + c_1a_1 + c_2a_2 + \cdots + c_6a_6$$

のとりうる最小の値を求めよ．

60 第 1 部 日本数学オリンピック 予選

9. 三角形 ABC の内接円が辺 BC, CA, AB とそれぞれ点 P, Q, R で, ∠A 内の傍接円が辺 BC, 直線 CA, AB とそれぞれ点 S, T, U で接している. 三角形 ABC の内心を I, 直線 PQ と直線 ST の交点を D, 直線 PR と直線 SU の交点を E とする. AI = 3, IP = 1, PS = 2 のとき, 線分 DE の長さを求めよ.

ただし, XY で線分 XY の長さを表すものとする. また, 三角形 ABC の ∠A 内の傍接円とは, 辺 BC, 辺 AB の点 B 側への延長線, および辺 AC の点 C 側への延長線に接する円のことをさす.

10. $2^3 = 8$ 人の選手が勝ち抜きトーナメントのチェス大会に参加した. この大会では, 次のようにして優勝者が決定される:

- 最初に, 選手全員を横一列に並べる.

- 次に, 以下の操作を 3 回繰り返す:

  列の中の選手を, 端から順に 2 人ずつ組にし, 各組の選手どうしで試合を行う. 勝った選手は列に残り, 負けた選手は列から脱落する. ただし, 引き分けは発生しないものとする.

- 最後に列に残った選手を優勝者とする.

大会の前には総当たりの練習試合が行われ, その際引き分けは発生しなかった. すなわち, 任意の 2 人組について, その 2 人の選手による練習試合が行われ, 勝敗が決した.

いま, 大会中の勝敗が練習試合と一致すると仮定したとき, はじめの選手の並べ方によっては優勝する可能性のある選手はちょうど 2 人であった. 練習試合の勝敗の組み合わせとしてありうるものは何通りあるか.

11. 以下の条件をみたす正の整数 n はいくつ存在するか.

条件:n を最高位が 0 にならないように 7 進法表記したときの桁数を k としたとき $k \geqq 2$ である. また n を 7 進数で表したの

ち，下から i 桁目 $(i = 1, 2, \cdots, k-1)$ を取り除いて得られる，7 進法表記で $k-1$ 桁の整数を n_i としたとき

$$\sum_{i=1}^{k-1} n_i = n$$

をみたす．

12. 整数からなる数列 $a_1, a_2, \cdots$ は任意の整数 m, n に対して次をみたす：

$m, n \geqq 30$ かつ $|m - n| \geqq 2018$ ならば，a_{m+n} は $a_m + n$ または $a_n + m$ に等しい．

このとき，$a_{N+1} - a_N \neq 1$ となる正の整数 N としてありうる最大の値を求めよ．

62　第 1 部　日本数学オリンピック 予選

解答

【1】　[**解答**：56]

　0 以上 9 以下の異なる 2 つの整数が**ペア**であるとは，その 2 数をどちらかを先にして並べると J 君の選んだ整数の 1 つとなることとする．九九の表に現れる 2 桁の正の整数のうち，一の位または十の位に 9 が現れるものは 49 のみであるから，4 と 9 はペアである．7 が現れるものは 27 と 72 のみであるから，2 と 7 はペアである．まだ使われていない 0, 1, 3, 5, 6, 8 の中に 3 組のペアがあるが，8 とペアになるものは 1 のみであり，18 または 81 が作られる．残った数の中で，0 とペアになるものは 3 のみであり，30 が作られる．最後まで残った 5, 6 で作られるのは **56** であり，これが答である．

【2】　[**解答**：5 通り]

　$1, 2, 3, 4, 5, 6, 7, 8, 9$ を等差数列をなす 3 つの数 3 組に分ける方法が何通りあるのかを考えればよい．等差数列をなすように 1 を含む 3 つの数を選ぶ方法は，$\{1, 2, 3\}, \{1, 3, 5\}, \{1, 4, 7\}, \{1, 5, 9\}$ の 4 通りがある．それぞれの場合について，残りの 6 つの数を等差数列をなす 3 つの数 2 組に分ける方法を考えると，以下のように $\{1, 2, 3\}$ の場合は 2 通り，それ以外の場合は 1 通りずつある．

$$\{1, 2, 3\} \to \{\{4, 5, 6\}, \{7, 8, 9\}\},\ \{\{4, 6, 8\}, \{5, 7, 9\}\},$$

$$\{1, 3, 5\} \to \{\{2, 4, 6\}, \{7, 8, 9\}\},$$

$$\{1, 4, 7\} \to \{\{2, 5, 8\}, \{3, 6, 9\}\},$$

$$\{1, 5, 9\} \to \{\{2, 3, 4\}, \{6, 7, 8\}\}.$$

したがって，答は **5 通り**である．

【3】　[**解答**：68]

　$AD = a$, $BC = b$ とおく．D から辺 BC に下ろした垂線の足を H とおくと，

四角形 ABHD は長方形，三角形 CHD は $\angle CHD = 90°$ の直角二等辺三角形であり，AB $=$ DH $=$ CH $=$ BC $-$ BH $=$ BC $-$ AD $= b - a$ となる．三角形 ABC および三角形 ABD にそれぞれ三平方の定理を用いると $b^2 + (b-a)^2 = 19^2$，$a^2 + (b-a)^2 = 15^2$ であり，2 式の差をとって，$b^2 - a^2 = 19^2 - 15^2$ を得る．よって，四角形 ABCD の面積は $\frac{1}{2}$AB$(AD + BC) = \frac{(b-a)(a+b)}{2} = \frac{b^2 - a^2}{2} =$

$\frac{19^2 - 15^2}{2} = \mathbf{68}$ となる．

【4】　[解答：100]

$10^5 = 9 \cdot 11111 + 1 \equiv 1 \pmod{11111}$ を用いて，

$$1111^{2018} \equiv (1111 - 11111)^{2018} \equiv (-10000)^{2018} \equiv 10^{4 \cdot 2018} \equiv 10^{5 \cdot 1614 + 2}$$

$$\equiv 10^2 \equiv 100 \pmod{11111}$$

がわかるので，求める値は **100** である．

【5】　[解答：945 通り]

題意の操作の途中で，同じ色の石が 2 つ以上連続した場合，その後の操作でそれらは同じ裏返され方をするので，そのうち 1 つを残して他を取り除くことにしてよい．このとき，石の並び方は必ず

と変化していく．各ステップでは，裏返す場所を選ぶ方法はそれぞれ $9, 7, 5, 3, 1$ 通りであるから，答は $9 \cdot 7 \cdot 5 \cdot 3 \cdot 1 = \mathbf{945}$ 通りである．

【6】　[解答：$\dfrac{2 + \sqrt{79}}{20}$]

$\angle YAB < \angle XYZ = 45°$ なので，$\angle CAX = 90° - \angle YAB > 45° > \angle ACX$ となり，AX $<$ CX とわかる．よって，線分 CX 上に AX $=$ PX をみたす点 P をとることができる．すると，$\angle APC = 135° = \angle CZB$，$\angle ACP = 45° - \angle ZCB = \angle CZY - \angle ZCB = \angle CBZ$ となり，二角相等より三角形 APC と三角形 CZB は相似とわかる．相似比は AC : CB $= 1 : \sqrt{2}$ なので，CZ $= \sqrt{2}$AP $=$ 2AX となる．

AX $= x$ とおくと, CX $=$ CZ $-$ XZ $=$ CZ $-$ XY $= 2x - \frac{1}{4}$ なので, 三角形 XAC についての三平方の定理より, $x^2 + \left(2x - \frac{1}{4}\right)^2 = 1$ となり, $x > 0$ とあわせて $x = \dfrac{2 + \sqrt{79}}{20}$ を得る.

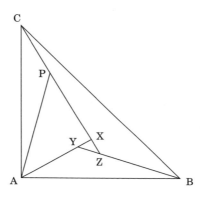

【7】 [解答：1104 通り]

$i = 1, 2, \cdots, 6$ について, a_i と b_i がペアになっているとする. $a_i < b_i$ かつ $a_1 < a_2 < \cdots < a_6$ としてかまわない. 6 組のペアの得点の総和が 30 となるとき, $\sum_{i=1}^{6}(b_i - a_i) = 30$ である. また, $\sum_{i=1}^{6}(a_i + b_i) = 1 + 2 + \cdots + 12 = \dfrac{12 \cdot 13}{2} = 78$ であるから,

$$\sum_{i=1}^{6} a_i = \frac{1}{2}\left(\sum_{i=1}^{6}(a_i + b_i) - \sum_{i=1}^{6}(b_i - a_i)\right) = \frac{1}{2}(78 - 30) = 24$$

がわかる. これは $(a_1, a_2, a_3, a_4, a_5, a_6) = (1, 2, 3, 4, 5, 9)$, $(1, 2, 3, 4, 6, 8)$, $(1, 2, 3, 5, 6, 7)$ のとき成立する. この 3 通りで場合分けをする.

- $(a_1, a_2, a_3, a_4, a_5, a_6) = (1, 2, 3, 4, 5, 9)$ のとき, b_6 が 10, 11, 12 のいずれかであればよいので, 分割の方法は $3 \cdot 5! = 360$ 通りある.

- $(a_1, a_2, a_3, a_4, a_5, a_6) = (1, 2, 3, 4, 6, 8)$ のとき, b_6 が 9, 10, 11, 12 のいずれかであり, b_5 が 7, 9, 10, 11, 12 のうち b_6 でないもののいずれかであればよいので $4 \cdot 4 \cdot 4! = 384$ 通りである.

- $(a_1, a_2, a_3, a_4, a_5, a_6) = (1, 2, 3, 5, 6, 7)$ のとき, $b_i = 4$ となる i が 1, 2, 3 のいずれかであればよいので $3 \cdot 5! = 360$ 通りである.

以上より題意をみたす分割の方法は $360 + 384 + 360 = \mathbf{1104}$ 通りあることがわかった.

【8】 [解答：195]

題意の式を S とおくと,

$$2S = \sum_{k=1}^{6} 2(a_k b_k + b_k c_k + c_k a_k) = \sum_{k=1}^{6} (a_k + b_k + c_k)^2 - \sum_{k=1}^{6} (a_k^2 + b_k^2 + c_k^2).$$

右辺の第 1 項を T とおく. 第 2 項は, 一定の値 $3 \cdot (1^2 + 2^2 + 3^2 + 4^2 + 5^2 + 6^2) = 3 \cdot 91$ であるから, T のとりうる最小の値を求めればよい. そのために次の補題を用いる.

補題 n, q, r を $n \geqq 2, 0 \leqq r < n$ をみたす整数とする. 整数 $x_1, x_2, \cdots, x_n$ が $\sum_{k=1}^{n} x_k = nq + r$ をみたしながら動くとき, $\sum_{k=1}^{n} x_k^2$ が最小値をとるのは, $x_1, x_2, \cdots, x_n$ が $\underbrace{q, \cdots, q}_{n-r \text{ 個}}, \underbrace{q+1, \cdots, q+1}_{r \text{ 個}}$ の並べ替えのときである.

証明 $f(x_1, x_2, \cdots, x_n) = \sum_{k=1}^{n} x_k^2$ とおく. f のとる値は非負整数であるから, 最小値は存在する. $x_1, x_2, \cdots, x_n$ が $\underbrace{q, \cdots, q}_{n-r \text{ 個}}, \underbrace{q+1, \cdots, q+1}_{r \text{ 個}}$ の並べ替えであることと, $x_1, x_2, \cdots, x_n$ のうちのどの 2 つの差も 1 以下であることは同値であるから, 差が 1 より大きい x_i, x_j があるときに最小値をとらないことを示せばよい. 一般性を失わず, $x_1 > x_2 + 1$ の場合のみを考えればよい. すると,

$$f(x_1, x_2, \cdots, x_n) - f(x_1 - 1, x_2 + 1, x_3, \cdots, x_n)$$

$$= (x_1^2 + x_2^2) - ((x_1 - 1)^2 + (x_2 + 1)^2) = 2(x_1 - x_2 - 1) > 0$$

すなわち $f(x_1, x_2, \cdots, x_n) > f(x_1 - 1, x_2 + 1, x_3, \cdots, x_n)$ であり, 確かに最小値をとらない. $\sum_{k=1}^{6} (a_k + b_k + c_k) = 3 \cdot (1 + 2 + 3 + 4 + 5 + 6) = 3 \cdot 21 = 6 \cdot 10 + 3$ は一定であるから, 補題を $n = 6, q = 10, r = 3$ の場合に適用して, $T \geqq 3 \cdot$

66　第 1 部　日本数学オリンピック 予選

$10^2 + 3 \cdot 11^2 = 3 \cdot 221$ である．ここで，

$$(a_1, a_2, a_3, a_4, a_5, a_6) = (1, 2, 3, 4, 5, 6), \quad (b_1, b_2, b_3, b_4, b_5, b_6) = (4, 5, 6, 1, 2, 3),$$

$$(c_1, c_2, c_3, c_4, c_5, c_6) = (5, 3, 1, 6, 4, 2)$$

とおくと，$a_k + b_k + c_k = 10 \ (k = 1, 2, 3)$，$a_k + b_k + c_k = 11 \ (k = 4, 5, 6)$ となるので，等号が成立する．以上より，T のとりうる最小の値は $3 \cdot 221$ であり，S のとりうる最小の値は $\dfrac{3(221 - 91)}{2} = \mathbf{195}$ となる．

【9】　[解答：$\dfrac{4\sqrt{2}}{3}$]

AB = AC であると仮定すると，対称性より点 P, S は一致してしまい，PS = 2 に矛盾する．したがって，AB ≠ AC である．また，条件は B, C について対称なので，AB < AC としてよい．∠CAB $= 2\alpha$，∠ABC $= 2\beta$，∠BCA $= 2\gamma$ とおく．

CP = CQ より，∠CQP $= 90° - \dfrac{1}{2}$∠PCQ $= 90° - \gamma$ とわかる．また，CS = CT より ∠CTS $= \dfrac{1}{2}$∠SCA $= \gamma$ となるので，∠PDS $=$ ∠DQT $+$ ∠DTQ $=$ ∠CQP $+$ ∠CTS $= 90°$ とわかる．同様に，∠PES $= 90°$ もわかるので，2 点 D, E は線分 PS を直径とする円周上にあるといえる．この円を ω とする．

ここで，∠DSE $= 180° -$ ∠TSU であり，また接弦定理より ∠TSU $= 180° -$ ∠ATU，さらに AT = AU より ∠ATU $= 90° - \dfrac{1}{2}$∠TAU $= 90° - \alpha$ となるので，∠DSE $= 180° -$ ∠TSU $=$ ∠ATU $= 90° - \alpha$ とわかる．

したがって，線分 PS が ω の直径であることから正弦定理より，DE $=$ PS sin∠DSE $=$ PS cos α とわかる．AI = 3, IQ = IP = 1 より sin $\alpha = \dfrac{1}{3}$ であることから，$\alpha < 90°$ とあわせて cos $\alpha = \dfrac{2\sqrt{2}}{3}$ となるので，DE $= \dfrac{4\sqrt{2}}{3}$ を得る．

【10】　[解答：344064 通り]

優勝する可能性のある 2 人の選手のうち，練習試合で敗れた方を A，勝った方を B とする．B が練習試合で全勝したとすると，はじめの選手の並び方によらず B が優勝することになるため，B は練習試合で 1 敗以上したとわかる．こ

1.5. 第 28 回 日本数学オリンピック 予選 (2018)　67

こで，B に練習試合で勝利した選手のうちの 1 人を C とする．A が練習試合で
C に敗れたとすると，はじめに左から順に A, C, B, ⋯ と選手が並んだとき，
A, B 以外の選手が優勝するため矛盾する．よって A は練習試合で C に勝利し
たことがわかる．

　A が練習試合で 2 敗以上したとする．ここで，B 以外で A に練習試合で勝利
した選手のうちの 1 人を D とする．はじめに左から順に A, D, B, C, ⋯ と選
手が並んだとすると，A, B 以外の選手が優勝するため矛盾する．したがって，
A は練習試合で 6 勝 1 敗であったとわかる．

　B が練習試合で 2 敗以上したとする．ここで，C 以外で B に練習試合で勝利
した選手のうちの 1 人を D とする．はじめに左から順に A, B, C, D, ⋯ と選
手が並んだとすると，A, B 以外の選手が優勝するため矛盾する．したがって，
B は練習試合で 6 勝 1 敗であったとわかる．

　C が練習試合で 2 勝以上したとする．ここで，B 以外で C が練習試合で勝利
した選手のうちの 1 人を D とする．はじめに左から順に A, B, C, D, ⋯ と選
手が並んだとすると，A, B 以外の選手が優勝するため矛盾する．したがって，
C は練習試合で 1 勝 6 敗であったとわかる．

　逆に，A, B, C が練習試合でそれぞれ 6 勝 1 敗，6 勝 1 敗，1 勝 6 敗であった
とする．A が優勝しないとき，B は A に勝利するから B は 2 回戦に進出する．
さらに B が優勝しないとすると，B は 2 回戦以降で C に敗北することになる
が，C は練習試合で 1 勝 6 敗だったから，2 回戦以降で勝利することはないた
め矛盾する．

　以上より，A, B, C が練習試合でそれぞれ 6 勝 1 敗，6 勝 1 敗，1 勝 6 敗で
あったことが，優勝する可能性のある選手が A と B のちょうど 2 人になる必
要十分条件である．このような練習試合の勝敗の組み合わせは，A, B, C に該
当する選手の選び方が $8 \cdot 7 \cdot 6 = 336$ 通り，残りの 5 人の選手どうしの試合が
${}_5\mathrm{C}_2 = 10$ 試合あってその勝敗の組み合わせが $2^{10} = 1024$ 通りであるから，$336 \cdot$
$1024 = \mathbf{344064}$ 通りである．

【11】　[解答：42]

　以下では，桁に関する議論は，7 進法表記で考えることにする．

$i = 1, 2, \cdots, k$ について，n の下から i 桁目を a_i，下 $i-1$ 桁を b_i とおく．ただし，$b_1 = 0$ とする．$0 \leqq a_i \leqq 6, 0 \leqq b_i < 7^{i-1}$ であり，n と $7n_i$ の下から $i+1$ 桁目以降は一致するため $|n - 7n_i| = |(a_i 7^{i-1} + b_i) - 7b_i| = |a_i 7^{i-1} - 6b_i| \leqq 6 \cdot 7^{i-1}$ が成り立つ．よって，

$$\sum_{i=1}^{k-1} |n - 7n_i| \leqq \sum_{i=1}^{k-1} 6 \cdot 7^{i-1} < 7^{k-1}$$

を得る．一方で，三角不等式より

$$\sum_{i=1}^{k-1} |n - 7n_i| \geqq \left| \sum_{i=1}^{k-1} (n - 7n_i) \right| = |(k-1)n - 7n| = |k - 8| \cdot n$$

である．これら 2 式と $n \geqq 7^{k-1}$ より，$|k - 8| < 1$ すなわち $k = 8$ を得る．

$i = 1, 2, \cdots, 7$ について，$n_1, \cdots, n_i$ の下から i 桁目は a_{i+1} であり，$n_{i+1}, \cdots, n_7$ の下から i 桁目は a_i であるから，問題は 0 以上 6 以下の整数の組 $(a_1, a_2, \cdots, a_8)$ であって，$a_8 \neq 0$ および

$$\sum_{i=1}^{7} ((7-i)a_i + ia_{i+1})7^{i-1} = \sum_{i=1}^{8} a_i 7^{i-1}$$

をみたすものが何通りあるのかを求めることに帰着される．この式はさらに

$$\sum_{i=1}^{5} ((6-i)a_i + ia_{i+1})7^{i-1} = a_7 7^5 \qquad (*)$$

と変形される．$(*)$ は a_8 によらないので，$(*)$ をみたす $(a_1, a_2, \cdots, a_7)$ の個数を求め，それに $1 \leqq a_8 \leqq 6$ の選び方の 6 通りを掛けたものが答である．$(*)$ をみたす $(a_1, a_2, \cdots, a_7)$ の個数を求めよう．まず，次の補題を示す．

補題 $v \geqq 0$，x を 7 でちょうど v 回割りきれる整数，y を 7 で v 回以上割りきれる整数とするとき，$tx + y$ が 7^{v+1} で割りきれるような 0 以上 6 以下の整数 t が一意に存在する．

証明 $tx + y$ $(t = 0, 1, \cdots, 6)$ はいずれも 7^v で割りきれるので，7^{v+1} で割った余りは $s7^v$ $(s = 0, 1, \cdots, 6)$ のいずれかである．$0 \leqq i < j \leqq 6$ に対して $(jx + y) - (ix + y) = (j - i)x$ は 7 でちょうど v 回割りきれるので，$ix + y, jx + y$ を 7^{v+1} で割った余りは異なる．したがって，$tx + y$ $(t = 0, 1, \cdots, 6)$ を 7^{v+1} で割った余りはすべて異なり，特に 0 となるものがある．

$$\sum_{i=1}^{m}((6-i)a_i + ia_{i+1})7^{i-1} = C_m \qquad (m = 1, 2, \cdots, 5)$$

とおく. $(a_1, a_2, \cdots, a_7)$ が $(*)$ をみたすとき, C_m は 7^m の倍数でなければならない. $0 \leq a_1 \leq 6$ を 1 つ選んで固定する. 補題を $v = 0$, $x = 1$, $y = 5a_1$ に適用して, C_1 が 7 の倍数となるような $0 \leq a_2 \leq 6$ が一意にとれる. すると, 補題を $v = 1$, $x = 2 \cdot 7$, $y = C_1 + 4a_2 \cdot 7$ に適用して, C_2 が 7^2 の倍数となるような $0 \leq a_3 \leq 6$ が一意にとれる. 以下も同様に, $m = 3, 4, 5$ について順に補題を $v = m-1$, $x = m7^{m-1}$, $y = C_{m-1} + (6-m)a_m7^{m-1}$ に適用することで, 0 以上 6 以下の整数の組 $(a_1, a_2, \cdots, a_6)$ であり, C_5 が 7^5 の倍数となるものが各 a_1 の値に対して一意に存在することがわかる. このとき, $(6-i)a_i + ia_{i+1} \leq (6-i) \cdot 6 + i \cdot 6 = 6^2$ $(i = 1, 2, \cdots, 5)$ より

$$0 \leq \sum_{i=1}^{5}((6-i)a_i + ia_{i+1})7^{i-1} \leq \sum_{i=1}^{5} 6^2 \cdot 7^{i-1} < 6 \cdot 7^5$$

であるから $(*)$ をみたすような $0 \leq a_7 \leq 6$ が一意にとれる (特に $a_7 \leq 5$ となる). 以上より, $(*)$ をみたす $(a_1, a_2, \cdots, a_7)$ の個数は, a_1 の選び方の個数と同じ 7 個であることがわかった. したがって, 答は $7 \cdot 6 = \mathbf{42}$ である.

【12】 [解答：4065]

$n = 1, 2, \cdots$ について $b_n = a_n - n$ とすると, 条件は以下のようになる：

(P) 任意の 30 以上の整数 m, n に対して, $|m - n| \geq 2018$ ならば b_{m+n} は b_m または b_n に等しい.

(P) のもとで, b_n が $n \geq 4066$ で一定であることを示す.

まず, 次の補題を示す.

補題 整数の組 (i, j, k, l) が $30 \leq i < j < k < l$ をみたし, さらに $b_i = b_l$ かつ $b_j, b_k \neq b_i$ をみたすとき, $k - j \leq 2017$ が成り立つ.

証明 $l - i$ についての帰納法で示す. $l - i$ が 2019 以下のときは明らかである.

p を 2019 以上の整数とし, $l - i = p$ で補題の主張が成り立つとして, $l - i = p + 1$ のときにも成り立つことを示す. $l - i = p + 1 \geq 2018$, $i \geq 30$ であるから, (P) より $b_{i+l} = b_i = b_l$ である. また $(l-1) - (i+1) = (l-i) - 2 = p - 1 \geq$

70　第 1 部　日本数学オリンピック 予選

2018 であるから，(P) より b_{i+1} または b_{l-1} が $b_{i+l} = b_i$ に等しい．したがっ
て，$(i+1, j, k, l)$ または $(i, j, k, l-1)$ を考えることで，$k - j \leqq 2017$ が帰納法
の仮定から従う．

　次に，b_n が十分大きな n で一定になることを示す．s, t をともに 2018 以上
で $s - t \geqq 2018$ が成り立つようにとるとき，b_{s+t} は b_s または b_t に等しい．(P)
を繰り返し用いることで，$b_{s+t} = b_s$ の場合は $b_{s+t} = b_{2s+t} = b_{3s+t} = \cdots$ が，
$b_{s+t} = b_t$ の場合は $b_{s+t} = b_{s+2t} = b_{s+3t} = \cdots$ がそれぞれわかる．

　いずれの場合も，$u > s + t$ かつ $b_u \neq b_{s+t}$ なる u があるとすると，$n \geqq u + $
2018 では b_n はつねに b_{s+t} に等しくなる．実際，$b_n \neq b_{s+t}$ かつ $n \geqq u + 2018$
なる n があるとすると，$b_m = b_{s+t}$ なる整数 m であって $m > n$ なるものがと
れるので，$(s+t, u, n, m)$ に補題を用いると矛盾が得られる．よってこのとき
b_n は $n \geqq u + 2018$ で一定となる．またこのような u が存在しない場合は $n \geqq$
$s + t$ で一定となるのでよい．

　b_n が途中から一定となることが示されたので，その値を α とおく．b_{30} の値
によって場合分けして考える．

(1) $b_{30} \neq \alpha$ のとき．

　　$n \geqq 2048$ かつ $b_n \neq \alpha$ なる整数 n があると仮定すると，(P) を繰り返し用
　　いると $b_n, b_{n+30}, b_{n+60}, \cdots$ はすべて α と異なる値をとる．これは b_n が
　　途中から α で一定になることに矛盾するので，b_n は $n \geqq 2048$ で一定と
　　なる．

(2) $b_{30} = \alpha$ のとき．

　(a) $31 \leqq n \leqq 2048$ なる整数 n であって $b_n \neq \alpha$ をみたすものが存在する
　　　場合，補題より，$b_m \neq \alpha$ となる m は $m \leqq n + 2017 \leqq 4065$ をみた
　　　す．したがって，b_n は $n \geqq 4066$ で一定となる．

　(b) $b_{31} = b_{32} = \cdots = b_{2048} = \alpha$ となる場合，(P) よりまず $b_{2078} = \alpha$ が
　　　わかる．次に $31, 32, \cdots, 60 \leqq 2078 - 2018$ であるから，$2109 \leqq n \leqq$
　　　2138 でつねに $b_n = \alpha$ となる．ここで $b_{30} = \alpha$ より，あとは (P) を
　　　繰り返し用いることで $\alpha = b_{2139} = b_{2140} = \cdots$ が得られ，b_n は $n \geqq$

2109 で一定となる.

以上より，いずれの場合も b_n は $n \geqq 4066$ で一定であることがわかった．こ
こで $a_{N+1} - a_N \neq 1$ は $b_{N+1} \neq b_N$ と同値であるから，$a_{N+1} - a_N \neq 1$ をみた
す N が存在するとき，$N \leqq 4065$ である．逆に，$n = 1, 2, \cdots$ について

$$
a_n = \begin{cases} n-1 & (2048 \leqq n \leqq 4065 \text{ のとき}) \\ n & (\text{それ以外のとき}) \end{cases}
$$

と定めると，この a_n は問題で与えられた条件をみたし，かつ $a_{4066} - a_{4065} = 2 \neq 1$ である．

したがって，答は **4065** である．

第 2 部

日本数学オリンピック 本選

2.1 第24回 日本数学オリンピック 本選 (2014)

● 2014 年 2 月 11 日 [試験時間 4 時間, 5 問]

1. 三角形 ABC があり, その外心を O とする. 辺 BC の中点を通り ∠BAC の二等分線に垂直な直線を l とする. l が線分 AO の中点を通るとき, ∠BAC の大きさを求めよ.

2. $2^a + 3^b + 1 = 6^c$ をみたす正の整数の組 (a, b, c) をすべて求めよ.

3. n を正の整数とする. どの 2 人の生徒も互いに友人であるか互いに友人でないかのいずれか一方であるような学校について, 以下をみたす正の整数 a, b の和としてありうる最小の値を N とする:

1. 同じチームに属する生徒はどの 2 人も互いに友人であるように, 生徒を a 個のチームに分けることができる.

2. 同じチームに属する生徒はどの 2 人も互いに友人でないように, 生徒を b 個のチームに分けることができる.

生徒の数が n であるような学校に対する N としてありうる最大の値を求めよ. ただし, 生徒をチームに分ける際, 任意の生徒がちょうど 1 つのチームに属するようにする.

4. 三角形 ABC があり, その外接円を Γ とし, 点 A における Γ の接線を l とする. D, E はそれぞれ辺 AB, AC 上の端点を除く点であって, BD : DA = AE : EC をみたしている. 直線 DE と円 Γ の 2 交点を F, G とし,

点 D を通り AC に平行な直線と l の交点を H，点 E を通り AB に平行な直線と l の交点を I とする．このとき，4 点 F, G, H, I は同一円周上にあり，その円は直線 BC に接することを示せ．ただし，XY で線分 XY の長さを表すものとする．

5.　　不等式

$$\frac{a}{1+9bc+k(b-c)^2}+\frac{b}{1+9ca+k(c-a)^2}+\frac{c}{1+9ab+k(a-b)^2}\geqq\frac{1}{2}$$

が $a+b+c=1$ をみたす任意の非負実数 a, b, c に対して成り立つような実数 k の最大値を求めよ．

解答

【1】　　三角形 ABC の外接円を Γ とおき，l と線分 AO の交点を X とおく．$\angle\mathrm{BAC}$ の二等分線と円 Γ の交点のうち A と異なる点を D とし，A′D が円 Γ の直径となるような点 A′ をとる．$\angle\mathrm{BAD}=\angle\mathrm{CAD}$ より，点 D は点 A を含まない弧 BC を二等分する．よって，点 A′ は弧 BAC を二等分する．線分 BC の中点を M とおくと，三角形 A′BC は A′B = A′C なる二等辺三角形だから直線 A′M と直線 BC は直交する．同様に，DB = DC より直線 DM と直線 BC も直交するので，点 M は直線 A′D 上にある．

次に A′M = MO を示す．点 A が点 A′ と一致するとき，点 X は点 M と一致するので，AX = XO より主張は明らか．点 A が点 A′ と一致しないとする．点 A は点 D とも一致せず，A′D が直径であるので，直線 A′A と直線 AD は直交する．一方，直線 AD と直線 MX も直交するので，直線 A′A と直線 MX は平行．これと AX = XO より，三角形 OAA′ に中点連結定理の逆を適用して，A′M = MO である．

したがって BM は A′O の垂直二等分線であるため，A′B = OB となる．ま

76 第 2 部 日本数学オリンピック 本選

た，OB = OA$'$ より三角形 A$'$OB は正三角形であり，$\angle$BA$'$O $= 60°$ となる．よって $\angle$BAD $= \angle$BA$'$D $= \angle$BA$'$O $= 60°$ であるので，求める答は $\angle$BAC $= 2\angle$BAD $= 120°$ となる．

【2】　整数 a, b と正の整数 m に対して，$a - b$ が m で割りきれることを $a \equiv b$ (mod m) と書く．

　$2^a = 6^c - (3^b + 1) \equiv 2$ (mod 3) が成り立っているので，a は奇数でなければならない．

　まず $a = 1$ の場合を考える．このとき $2 + 3^b + 1 = 6^c$ であるが，左辺は $3(3^{b-1} + 1)$ であり，これは 3 でちょうど 1 回割りきれる．一方，右辺は 3 でちょうど c 回割りきれるので，$c = 1$ でなければいけない．このときに与式をみたすのは $(a, b, c) = (1, 1, 1)$ のみである．

　次に $a \geqq 3$ の場合を考える．このとき，

$$2^a + 3^b + 1 \equiv \begin{cases} 4 & (\text{mod } 8) & (b \text{ が奇数のとき}), \\ 2 & (\text{mod } 8) & (b \text{ が偶数のとき}) \end{cases}$$

である一方，

$$6^c \equiv \begin{cases} 6 & (\text{mod } 8) & (c = 1 \text{ のとき}), \\ 4 & (\text{mod } 8) & (c = 2 \text{ のとき}), \\ 0 & (\text{mod } 8) & (c \geqq 3 \text{ のとき}) \end{cases}$$

である．したがって与式の両辺について 8 で割った余りが一致するのは，b が奇数で $c = 2$ のときに限る．$2^a < 2^a + 3^b + 1 = 36$ となり a は奇数であることから $a = 3, 5$ のいずれかである．それぞれ調べると，与式をみたすのは $(a, b, c) = (3, 3, 2), (5, 1, 2)$ とわかる．

　以上より，求める組は $(a, b, c) = (1, 1, 1), (3, 3, 2), (5, 1, 2)$ である．

【3】　どの 2 人の生徒も互いに友人であるようなチームを**良いチーム**とよび，どの 2 人の生徒も互いに友人でないようなチームを**悪いチーム**とよぶ．求める

値が $n+1$ であることを示す.

どの 2 人の生徒も互いに友人であるような学校を考えると, b 個の悪いチームに分けるときにすべての生徒が異なるチームに属する必要があるため $b = n$ となり, $a \geqq 1$ であるため, $N \geqq n+1$ となる.

任意の学校に対して $N \leqq n+1$ が成り立つことを n に関する数学的帰納法で示す.

- $n = 1$ のとき, $a = b = 1$ であるため, $N \leqq a + b = 2 = n+1$ である.

- $n = k$ のとき $N \leqq n+1$ が成立すると仮定する. $n = k+1$ のとき, 学校の生徒を 1 人選び A とおく. 生徒 A を除く k 人について, 帰納法の仮定より $a' + b' \leqq k+1$ となるような a' 個の良いチームに分ける方法と b' 個の悪いチームに分ける方法が存在する.

  · $a' + b' \leqq k$ のときは, それぞれのチーム分けの方法に対して A のみで構成されたチームを追加することで $N \leqq a + b = (a' + 1) + (b' + 1) \leqq k + 2 = n + 1$ とできる.

  · $a' + b' = k+1$ のとき,

    * a' 個の良いチームのうちに A と友人である生徒のみで構成されるチームがあるならば, そのチームに A を加えることで $a = a'$ にすることができる. また, 上と同様に $b = b' + 1$ にすることができるため, $N \leqq a + b = a' + (b' + 1) = k + 2 = n + 1$ となる.

    * b' 個の悪いチームのうちに A と友人でない生徒のみで構成されるチームがあるならば, 同様に $N \leqq n+1$ となる.

    * a' 個の良いチームすべてに A の友人でない生徒が含まれ, b' 個の悪いチームすべてに A の友人である生徒が含まれるとすると, A には友人でない生徒が a' 人, 友人である生徒が b' 人いることになるが, A 以外の生徒の数は $k = a' + b' - 1$ 人であるため矛盾する.

以上より, $N \leqq n+1$ となる.

78 第2部 日本数学オリンピック 本選

よって示された.

【4】   D を通り AC に平行な直線と BC の交点を X とする. このとき, BX :
XC = BD : DA = AE : EC より, X は E を通り AB に平行な直線上にある.

接弦定理より ∠IAC = ∠ABC であり, EX と AB が平行であることより
∠ABC = ∠IXC なので, ∠IAC = ∠IXC が成り立つ. よって 4 点 A, I, C, X は
同一円周上にあるので, 方べきの定理より AE · CE = IE · XE である. また方
べきの定理より AE · CE = FE · GE であるので, 前の式とあわせて IE · XE =
FE · GE が成立する. よって方べきの定理の逆より, 4 点 I, X, F, G は同一円
周上にある. 同様に 4 点 H, X, F, G が同一円周上にあることもわかるので, 5
点 F, G, H, I, X は同一円周上にある.

ここで, AC と HX が平行であることより ∠IHX = ∠IAC であり, 上で示し
たように ∠IAC = ∠IXC なので, これらをあわせて ∠IXC = ∠IHX が成り立つ.
よって接弦定理の逆より, 三角形 HIX の外接円は X において BC に接する.

以上より, F, G, H, I は同一円周上にあり, その円は BC に接することが示さ
れた.

【5】   以下, a, b, c を変数とする式 $P(a, b, c)$ について,

$$\sum_{\text{cyc}} P(a, b, c) = P(a, b, c) + P(b, c, a) + P(c, a, b)$$

とする.

与式に $a = 0, b = c = \dfrac{1}{2}$ を代入すると

$$\frac{\dfrac{1}{2}}{1 + \dfrac{1}{4}k} + \frac{\dfrac{1}{2}}{1 + \dfrac{1}{4}k} \geqq \frac{1}{2}$$

となり, $k \leqq 4$ がわかる. 以下, $k = 4$ で与式が成立することを示す.

コーシー–シュワルツの不等式より,

$$\left(\sum_{\text{cyc}} \frac{a}{1 + 9bc + 4(b - c)^2} \right) \left(\sum_{\text{cyc}} a \left(1 + 9bc + 4(b - c)^2 \right) \right) \geqq (a + b + c)^2$$

$$= 1 \qquad (1)$$

が成り立つ. また,

$$\sum_{\text{cyc}} a(1 + 9bc + 4(b-c)^2) = a + b + c + 3abc + 4(a^2b + a^2c + b^2c + b^2a + c^2a + c^2b)$$

であり, シュアーの不等式より,

$$3abc + 4(a^2b + a^2c + b^2c + b^2a + c^2a + c^2b)$$

$$\leqq a^3 + b^3 + c^3 + 6abc + 3(a^2b + a^2c + b^2c + b^2a + c^2a + c^2b)$$

$$= (a + b + c)^3$$

であるので,

$$\sum_{\text{cyc}} a(1 + 9bc + 4(b-c)^2) \leqq a + b + c + (a + b + c)^3 = 2 \tag{2}$$

が成り立つ. (1), (2) より,

$$\sum_{\text{cyc}} \frac{a}{1 + 9bc + 4(b-c)^2} \geqq \frac{1}{2}$$

となる.

以上より, 求める最大値は $k = 4$ である.

2.2 第25回 日本数学オリンピック 本選 (2015)

● 2015 年 2 月 11 日 [試験時間 4 時間, 5 問]

1. $\dfrac{10^n}{n^3+n^2+n+1}$ が整数となるような正の整数 n をすべて求めよ.

2. n を 2 以上の整数とする．一辺の長さが n の正六角形 ABCDEF があり, 左図のように一辺の長さが 1 の正三角形に分割されている．正三角形の頂点を単に頂点とよぶ．正六角形 ABCDEF の中心に駒が置かれて

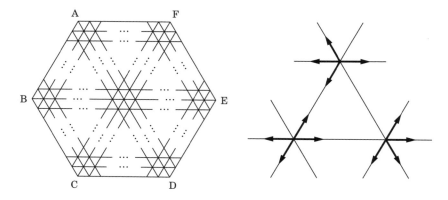

いる．右図のように正六角形 ABCDEF の内部 (周上を含まない) にある頂点 P それぞれについて，P と長さ 1 の辺で結ばれている 6 頂点のうち 4 頂点に向かって矢印が描かれていて，頂点 P に駒が置かれているときその 4 頂点のいずれかに駒を動かすことができる．ただし，長さ 1 の辺 PQ について，頂点 P から頂点 Q に駒を動かすことができる場合でも頂点 Q から頂点 P に駒を動かすことができるとは限らない．

このとき，どのように矢印が描かれていても駒を高々 k 回動かして正六角形 ABCDEF の周上にある頂点に到着させることができるような整数 k が存在することを示し，k として考えられる最小の値を求めよ.

3. 正の整数からなる数列 $\{a_n\}$ $(n = 1, 2, \cdots)$ が**上昇的**であるとは，任意の正の整数 n について，$a_n < a_{n+1}$ および $a_{2n} = 2a_n$ をみたすことをいう.

1. 数列 $\{a_n\}$ が上昇的であるとする. p が a_1 より大きい素数であるとき，この数列には p の倍数が現れることを示せ.

2. p を奇素数とする. 上昇的であり，かつ p の倍数が現れないような数列 $\{a_n\}$ が存在することを示せ.

4. 二等辺三角形でない三角形 ABC があり，その外接円を Γ，内心を I とおく. また，三角形 ABC の内接円と辺 AB, AC の接点をそれぞれ D, E とおく. 三角形 BEI の外接円と Γ の交点のうち B でない方を P，三角形 CDI の外接円と Γ の交点のうち C でない方を Q とするとき，4 点 D, E, P, Q は同一円周上にあることを示せ.

5. a を正の整数とする. 十分に大きな整数 n について次が成り立つことを示せ：

無限に広がっているマス目の中から n 個のマスを選び，黒色に塗る. このとき，$a \times a$ のマス目であって，ちょうど a マスが黒色に塗られているものの数を K とする. K としてありうる最大の値は $a(n + 1 - a)$ である.

ただし，十分に大きな整数 n について成り立つとは，ある整数 N が存在して，任意の $n \geqq N$ について成り立つことをいう.

82　第 2 部　日本数学オリンピック 本選

解答

【1】　整数 a, b と正の整数 c に対して，$a - b$ が c で割りきれることを $a \equiv b$ $(\mathrm{mod}\ c)$ と書く．

題意をみたす正の整数 n は $n = 3, 7$ であることを示す．

$$\frac{10^3}{3^3 + 3^2 + 3 + 1} = 25, \qquad \frac{10^7}{7^3 + 7^2 + 7 + 1} = 25000$$

より $n = 3, 7$ のときは確かに問題の条件をみたしている．以下，これ以外に条件をみたす n は存在しないことを示す．

$n^3 + n^2 + n + 1 = (n+1)(n^2+1)$ であるから，$n+1, n^2+1$ は $2, 5$ 以外の素因数をもたない．また，$(n^2+1) - (n+1)(n-1) = 2$ より，n^2+1 と $n+1$ の最大公約数は 1 または 2 である．n が偶数であるとする．このとき，$n+1$, n^2+1 のいずれも 1 より大きい奇数であり，5 で割り切れる．これは n^2+1 と $n+1$ の最大公約数が 1 または 2 であることに反する．よって，以下では n は奇数であるとする．$n+1, n^2+1$ は偶数である．さらに，$n^2+1 \equiv 2 \ (\mathrm{mod}\ 4)$ であるから n^2+1 は 4 で割り切れない．以下，場合分けを行う．

1. n^2+1 が 5 で割り切れないとき

   n^2+1 は 2 のべき乗だが 4 で割り切れないので $n^2+1 = 2$，すなわち $n = 1$ である．ところが $\dfrac{10^1}{1^3 + 1^2 + 1 + 1} = \dfrac{5}{2}$ は整数でないので，$n = 1$ は題意をみたさない．

2. n^2+1 が 5 で割り切れるとき

   $n > 1$ であり，n^2+1 は 4 で割り切れないので，$n+1 = 2^k$, $n^2+1 = 2 \cdot 5^l$ (k, l は正の整数，$k \geqq 2$) とおくことができる．$k = 2$ のとき $n = 3$ である．以下，$k \geqq 3$ とする．$2 \cdot 5^l = (2^k - 1)^2 + 1$ より $5^l - 1 = 2^k(2^{k-1} - 1)$ である．よって，$5^l - 1$ は 8 の倍数である．l が偶数のとき

$5^l \equiv 1 \pmod 8$, l が奇数のとき $5^l \equiv 5 \pmod 8$ なので l は偶数である. $l = 2m$ (m は正の整数) とおく. $(5^m - 1)(5^m + 1) = 2^k(2^{k-1} - 1)$ である. $5^m + 1 \equiv 2 \pmod 4$ なので, $5^m - 1 = 2^{k-1}a$ (a は正の奇数) と表される. $2^{k-1}a(2^{k-1}a + 2) = 2^k(2^{k-1} - 1)$ より, $a(2^{k-2}a + 1) = 2^{k-1} - 1$. ここで $a \geqq 3$ とすると, $a(2^{k-2}a + 1) > 2^{k-2} \cdot 2 + 1 > 2^{k-1} - 1$ となって矛盾する. よって, $a = 1$ である. このとき, $2^{k-1}(2^{k-1} + 2) = 2^k(2^{k-1} - 1)$, すなわち $2^{k-1} = 4$ であるから, $k = 3$. したがって, $n = 7$ である.

以上より題意をみたす正の整数 n は $n = 3, 7$ である.

【2】 正六角形 ABCDEF の中心を O とおき, 非負整数 i について駒を i 回動かした後に駒が置かれている頂点を P_i と表す. どのように矢印が描かれていても駒を高々 $2n - 2$ 回動かして正六角形 ABCDEF の周上にある頂点に到着させることができることを示す. 1 回目は駒をどの頂点に動かしてもよい. 2 回目以降は, 2 以上の整数 i について $\overrightarrow{OP_1}$ と $\overrightarrow{P_{i-1}P_i}$ のなす角が $60°$ 以下となるように駒を動かす. 実際, 頂点 P_{i-1} と長さ 1 の辺で結ばれている頂点 Q であって $\overrightarrow{OP_1}$ と $\overrightarrow{P_{i-1}Q}$ のなす角が $60°$ 以下となるものは 3 つ存在するので, そのうち少なくとも 1 つに動かすことができる. $\overrightarrow{OP_1}$ となす角が $60°$ となる単位ベクトルを $\overrightarrow{OX}, \overrightarrow{OY}$ とおき, $\overrightarrow{OP_i} = a_i\overrightarrow{OX} + b_i\overrightarrow{OY}$ と表すとき,

$$(a_1, b_1) = (1, 1), \quad (a_i, b_i) = \begin{cases} (a_{i-1} + 1, b_{i-1} + 1) & (\overrightarrow{P_{i-1}P_i} = \overrightarrow{OP_1} \text{ のとき}), \\ (a_{i-1} + 1, b_{i-1}) & (\overrightarrow{P_{i-1}P_i} = \overrightarrow{OX} \text{ のとき}), \\ (a_{i-1}, b_{i-1} + 1) & (\overrightarrow{P_{i-1}P_i} = \overrightarrow{OY} \text{ のとき}) \end{cases}$$

となる. したがって, $a_i + b_i \geqq i + 1$ であるので, ある $i \leqq 2n - 2$ について $a_i = n$ または $b_i = n$, すなわち, P_i は正六角形 ABCDEF の周上となる.

正六角形 ABCDEF の内部の各頂点について矢印を上手く描くことで, どのような駒の動かし方をしても正六角形 ABCDEF の周上にある頂点に到着させるのに $2n - 2$ 回以上となることを示す. まず, すべての頂点に以下のように整数を書き込む. O に 0 を書き込み, 1 以上 n 以下の整数 j について, 中心が O で 1 辺の長さが j の正六角形の頂点に $2j - 1$ を書き込みその他の周上の点に

84　第 2 部　日本数学オリンピック 本選

$2j - 2$ を書き込む．すると，正六角形 ABCDEF の内部にある任意の頂点 P に
ついて，頂点 P に整数 a が書き込まれているとするとき，P と長さ 1 の辺で結
ばれている頂点であり $a + 1$ 以下が書き込まれているものは 4 つ以上存在する
ので，そのうち 4 頂点を選んで矢印を描く．このとき，駒の置かれた頂点に書
かれた整数は，1 回動かすたびに 1 しか増えず，正六角形 ABCDEF の周上に
は $2n - 2$ 以上の整数が書き込まれているので，どのような駒の動かし方をして
も到着させるのに $2n - 2$ 回以上となるとわかる．

　よって，求める k の最小値は $2n - 2$ である．

【3】　1.　$\{a_n\}$ は上昇的であるから，すべての正の整数 n に対して $a_{n+1} - a_n$
は正の整数値をとる．したがって，$a_{n+1} - a_n$ の最小値 s がとれる．

$a_{m+1} - a_m = s$ をみたす m を 1 つとり，k を $2^k > p$ をみたす正の整
数とすると，$a_{2n} = 2a_n$ であることを繰り返し用いることにより

$$a_{2^k(m+1)} - a_{2^k m} = 2(a_{2^{k-1}(m+1)} - a_{2^{k-1}m})$$

$$= \cdots = 2^{k-1}(a_{2(m+1)} - a_{2m}) = 2^k(a_{m+1} - a_m) = 2^k s$$

となる．一方，$2^k m \leqq n \leqq 2^k(m+1) - 1$ に対して $a_{n+1} - a_n$ は s 以上で
あるから，すべて s に等しい必要がある．すなわち $a_{2^k m}, a_{2^k m+1}, \cdots,$
$a_{2^k(m+1)}$ は公差 s の等差数列となる．

$0 \leqq i < j \leqq p - 1$ なる整数 i, j に対して，$a_{2^k m+i}$ と $a_{2^k m+j}$ を p で
割った余りが等しいと仮定すると $a_{2^k m+j} - a_{2^k m+i} = (j - i)s$ は p の
倍数である．しかし，$0 < j - i < p$ かつ $0 < s \leqq a_2 - a_1 = a_1 < p$
であるから，これは p が素数であることに反する．以上より，p 個の数
$a_{2^k m}, a_{2^k m+1}, \cdots, a_{2^k m+p-1}$ を p で割った余りはすべて相異なる．とく
に，この p 個の数の中には p の倍数が存在する．

　2.　正の整数 n に対して $2^{k_n} \leqq n < 2^{k_n+1}$ をみたす非負整数 k_n をとると，
$k_n \leqq k_{n+1}$ および $k_{2n} = k_n + 1$ をみたすことがわかる．したがって，
$a_n = np + 2^{k_n}$ とすると数列 $\{a_n\}$ は上昇的となる．さらに，p は奇素数
なので 2^{k_n} は p の倍数ではなく，したがって a_n も p の倍数ではないの

で，この数列 $\{a_n\}$ が条件をみたす．

【4】 $\alpha = \dfrac{1}{2}\angle\mathrm{CAB}$, $\beta = \dfrac{1}{2}\angle\mathrm{ABC}$, $\gamma = \dfrac{1}{2}\angle\mathrm{BCA}$ とおく．

P は弧 AC (B を含まない方) の上にあるので，$\angle\mathrm{APB} = \angle\mathrm{ACB} = 2\gamma$ である．$\angle\mathrm{APE} = \alpha + \gamma$ であることを，点の位置関係により場合分けをして示す．

- BA < BC のとき

  $\angle\mathrm{BPE} = 180° - \angle\mathrm{BIE} = 180° - \angle\mathrm{AIB} - \angle\mathrm{AIE} = 180° - (90° + \gamma) - (\beta + \gamma) = \alpha - \gamma$ であるから，$\angle\mathrm{APE} = \angle\mathrm{APB} + \angle\mathrm{BPE} = 2\gamma + (\alpha - \gamma) = \alpha + \gamma$.

- BA > BC のとき

  $\angle\mathrm{BPE} = 180° - \angle\mathrm{BIE} = 180° - \angle\mathrm{CIB} - \angle\mathrm{CIE} = 180° - (90° + \alpha) - (\beta + \alpha) = \gamma - \alpha$ であるから，$\angle\mathrm{APE} = \angle\mathrm{APB} - \angle\mathrm{BPE} = 2\gamma - (\gamma - \alpha) = \alpha + \gamma$.

よって，いずれの場合においても $\angle\mathrm{APE} = \alpha + \gamma$ である．$\angle\mathrm{APC} = 180° - \angle\mathrm{ABC} = 2\alpha + 2\gamma = 2\angle\mathrm{APE}$ より，半直線 PE は角 APC を二等分する．よって，弧 AC (B を含む方) の中点を M とおくと，3 点 P, E, M は同一直線上にある．同様に，弧 AB (C を含む方) の中点を N とおくと，3 点 Q, D, N は同一直線上にある．

三角形 ABC の内接円を Ω，Γ の M における接線を l_1，N における接線を l_2 とおく．l_1 は直線 AC に平行，l_2 は直線 AB に平行である．よって，l_1 と l_2 の交点を X とおくと，角 BAC の二等分線と角 MXN の二等分線は平行である．AD = AE より直線 DE は角 BAC の二等分線に垂直，XM = XN より直線 MN は角 MXN の二等分線に垂直であるから，直線 DE, MN は平行である．直線 PE, QD の交点を O とおくと，OE : OD = OM : ON である．また，方べきの定理より $\mathrm{OP} \cdot \mathrm{OM} = \mathrm{OQ} \cdot \mathrm{ON}$ であるから，$\mathrm{OP} \cdot \mathrm{OE} = \mathrm{OQ} \cdot \mathrm{OD}$. O, E, P はこの順に同一直線上にあり，O, D, Q はこの順に同一直線上にあるので，方べきの定理の逆により，4 点 D, E, P, Q は同一円周上にある．

86 第 2 部 日本数学オリンピック 本選

【5】　　整数 u, v と正の整数 m に対して，$u - v$ が m で割りきれることを $u \equiv v \pmod{m}$ と書く．

$a \times a$ のマス目を**領域**とよぶ．$n \geqq a$ のとき，縦方向に一列に連続する n マスを黒色に塗ると，その n マスおよび左右 $a - 1$ 列を含めた $n \times (2a - 1)$ のマス目について，その内部の領域はすべて題意をみたすため $K = a(n + 1 - a)$ となる．

次に十分大きい n に対し $K \leqq a(n + 1 - a)$ となることを示す．領域に対し，黒色のマスの個数が x のとき，**ロス**を $x \leqq a - 1$ では x，$x \geqq a$ では $x - a$ で定義する．黒色のマスとそれを含む領域の組は $a^2 n$ 個である．また，黒色のマスを含む領域についてロスを足し合わせたものを L とする．このとき，題意をみたす K 個の領域についてはロスは 0 であり，それ以外の領域にはロスの数以上の黒色のマスがあるため，$aK \leqq a^2 n - L$ となる．よって，十分大きい n に対し $L \geqq a^2(a - 1)$ であることを示すとよい．

以下 $n \geqq \left(a^2(a - 1) - a\right)^2 + 1$ とし，このとき $L \geqq a^2(a - 1)$ であることを示す．連続する a 行を**横ライン**，連続する a 列を**縦ライン**とよぶ．このとき，$a^2(a - 1)$ 個以上の横ラインまたは $a^2(a - 1)$ 個以上の縦ラインが黒色のマスを含む．よって，$L < a^2(a - 1)$ であるとするとそのうちのいずれかは内部の領域すべてについてロスが 0 である (黒色のマスを含まない領域はロスは 0 である)．対称性よりそれを横ラインとし，この横ラインの最も下の行を第 0 行，その y 行上の行を第 y 行とする (y は整数)．その横ラインのうち最も左の黒色のマスを A とする．この横ライン内の領域であって最も右の列に A を含むようなものは黒色のマスを a 個含むため，A の列は a マスとも黒色に塗られていることがわかる．また，この横ライン内の領域であって最も左の列に A を含むようなものは黒色のマス a 個含むため，A の右 $a - 1$ 列は黒色に塗られていないこともわかる (A は最も左の黒色のマスであるため左 $a - 1$ 列も黒色に塗られていない)．

A を含む縦ラインについて内部の領域のロスを足し合わせたものが $a(a - 1)$ 以上であることを示す．このような縦ラインを 1 つ定め，その上の領域であって最も下の行が第 y 行であるものを A_y とする．A_y のロスを $f(y)$，A_y に含まれ

る黒色のマスの数を $g(y)$ とすると $f(y) \equiv g(y) \pmod{a}$ である．黒色のマスがある最も上の行を第 $as+t$ 行 $(0 \leqq t < a)$ とし，第 0 行以上に存在する黒色のマスの数を b とする．$\sum_{i=0}^{s+1} f(ai+l)$ を a で割った余りを c_l とする $(l = 1, 2, \cdots, a)$.

$c_l \equiv \sum_{i=0}^{s+1} g(ai+l) = b - l \pmod{a}$ となり，$c_1, c_2, \cdots, c_a$ は $0, 1, \cdots, a-1$ の並べ替えであることがわかる．よって $\sum_{y=1}^{as+t} f(y) \geqq \sum_{l=1}^{a} c_l = \dfrac{a(a-1)}{2}$ となる．同様に $y < 0$ についても $f(y)$ を足し合わせると $\dfrac{a(a-1)}{2}$ 以上となる．よってこの縦ライン内の領域についてロスを足し合わせたものは $a(a-1)$ 以上である．

さて，A を含む縦ラインは a 個あるため，$L \geqq a^2(a-1)$ であることがわかり，$K \leqq a(n+1-a)$ が示された．

2.3 第26回 日本数学オリンピック 本選 (2016)

● 2016 年 2 月 11 日 [試験時間 4 時間, 5 問]

1. p を奇素数とする. 1 以上 $p-1$ 以下の整数 k に対し, $kp+1$ の約数の
うち, k 以上 p 未満となるものの個数を a_k とおく. このとき, $a_1 + a_2 +$
$\cdots + a_{p-1}$ の値を求めよ.

2. 円に内接する四角形 ABCD があり, AB : AD = CD : CB をみたしてい
る. 直線 AD と直線 BC は点 X で, 直線 AB と直線 CD は点 Y で交わっ
ている. 辺 AB, BC, CD, DA の中点をそれぞれ E, F, G, H とし, ∠AXB
の二等分線と線分 EG の交点を S, ∠AYD の二等分線と線分 FH の交点を
T とする. このとき, 直線 ST と直線 BD が平行であることを示せ.

ただし, UV で線分 UV の長さを表すものとする.

3. n を正の整数とする. JMO 王国には 2^n 人の国民と 1 人の王がいる. ま
た, JMO 王国では貨幣として 2^n 円紙幣と 2^a 円硬貨 ($a = 0, 1, 2, \cdots, n-$
1) を取り扱っている. すべての国民は紙幣をいくらでもたくさん持っ
ており, また, 国民が持っている硬貨の枚数の総和は S 枚であった. さ
て, ある日から JMO 王国では次の徴税とよばれる操作を毎日行うように
なった:

- すべての国民は毎朝自分の持っている貨幣のうち有限枚を選び, そ
  の日の夜にそれぞれの貨幣を他の国民または王に渡す.

- この際, すべての国民について渡した金額が渡された金額よりちょ
  うど 1 円多くなるようにする.

JMO 王国では以後，永遠に徴税を行い続けることができるという．このとき，S としてありうる最小の値を求めよ．

4. 実数に対して定義され実数値をとる関数 f であって，任意の実数 x, y に対して

$$f(yf(x) - x) = f(x)f(y) + 2x$$

が成り立つようなものをすべて求めよ．

5. m, n は正の整数であり，$m \geqq 2$，$n < \dfrac{3}{2}(m-1)$ をみたしている．ある国には m 個の都市と n 本の道路があり，どの道路も 2 つの相異^{あい}なる都市を結んでいる．同じ都市間を結ぶ複数本の道路があってもよい．

いま，都市を 2 つのグループ α, β に分類し，グループ α の都市とグループ β の都市を結ぶ道路をすべて高速道路とすることになった．このとき，以下の条件をみたす分類が存在することを示せ：

- どちらのグループも都市を 1 つ以上含む．
- どの都市に対しても，その都市から出ている高速道路は 1 本以下である．

解答

【1】 整数 x, y と正の整数 m に対して，$x - y$ が m で割りきれることを $x \equiv y \pmod{m}$ と書く．

$kp + 1$ の約数のうち，k 以上 p 未満となる数の集合を S_k とおく（$1 \leqq k \leqq p - 1$）．S_k の元の個数は a_k である．1 以上 $p - 1$ 以下の任意の整数 r に対し，$r \in S_k$ となる k がちょうど 1 つ存在することを示す．この際，$r \in S_k$ となるため

90 第 2 部 日本数学オリンピック 本選

には $k \leqq r$ でなければならないことに注意する.

$ip+1 \equiv jp+1 \pmod r$ となる非負整数 i, j $(1 \leqq i < j \leqq r)$ があるとすると, $(j-i)p \equiv 0 \pmod r$ である. r と p は互いに素であるため, $j-i \equiv 0 \pmod r$ となり, これは $1 \leqq i < j \leqq r$ に矛盾する. したがって, $p+1, 2p+1, \cdots, rp+1$ は r で割った余りがすべて異なり, $kp+1$ が r の倍数となる k はちょうど 1 つ存在する. さらに, この k は $k \leqq r < p$ をみたすので, $r \in S_k$ となる.

よって, 1 以上 $p-1$ 以下の整数 r について, $r \in S_k$ となる k はちょうど 1 つ存在し, また, S_k には 1 以上 $p-1$ 以下の整数以外は含まれないため, 答は $p-1$ である.

【2】 四角形 ABCD は同一円周上にあるので, 三角形 XAB と三角形 XCD は相似である. 点 E, G はそれぞれ辺 AB, CD の中点なので, 三角形 XAB と三角形 XCD の相似において点 E と点 G は対応する. よって, XE : XG = AB : CD である. また, 三角形 XAB と三角形 XCD の相似において, それぞれの角 X の二等分線も対応しており, これは同じ半直線であって, ともに点 S を通る. よって, $\angle$EXS = $\angle$GXS であるから, ES : GS = XE : XG = AB : CD となる.

同様にして HT : FT = AD : CB であるので, 条件より AB : CD = AD : CB であることとあわせると ES : GS = HT : FT となる. AE = EB, AH = HD より三角形 ABD について中点連結定理から EH と BD は平行である. 同様に FG と BD も平行であるので, EH, FG, BD は平行である. ES : GS = HT : FT より ST もこれらと平行になるとわかり, 示された.

【3】 まず, 次の補題を示す.

補題 硬貨を $\bmod 2^n$ で i 円持っている (すなわち, 持っている硬貨の総額を 2^n で割った余りが i に等しい) とき, 硬貨の枚数が最小となるときは次の場合である:

　　　　i を 2 進表記したとき, 下から x 桁目が 1 であるならば 2^{x-1} 円硬
　　　　貨を 1 枚持ち, それ以外の硬貨は持たない.

特に, このとき硬貨はちょうど i 円分持っている.

証明 $\bmod 2^n$ で i 円持っているときの硬貨の枚数が最小であるような硬貨

の持ち方のうちの1つを考える．このとき，同じ硬貨を2枚持っているとすると，それを取り除き，その和の価値の硬貨または紙幣を加えることで，硬貨の枚数が減る．これは，最小性に矛盾するため，どの硬貨も高々1枚であることがわかる．このとき，2^{x-1} 円硬貨を持っているならば下から x 桁目を1, 持っていないならば0とすることで，i の2進表記になることがわかる．

　国民を $0, 1, 2, \cdots, 2^n - 1$ とおく．最初に国民 i が硬貨を枚数が最小になるように i 円分持っているとする．このとき，各種の硬貨は 2^{n-1} 枚ずつ存在するため，硬貨の枚数の和は $n2^{n-1}$ である．各日において硬貨を i 円分持っている国民は硬貨を $i + 1$ 円分持っている国民に自身が持っている硬貨をすべて渡し ($2^n - 1$ 円分持っている国民は0円分持っている国民に渡す)，硬貨を0円持っている国民は紙幣を王に渡すことで題意をみたす．

　さて，永遠に題意の操作を続けられるとき，2^n 日は続けられることがわかる．また，特定の国民について考えると $\bmod \ 2^n$ で硬貨を i 円持っていた日の次の日には硬貨を $i - 1$ 円持っている．そのため，最初の 2^n 日について考えると $\bmod \ 2^n$ で $0, 1, \cdots, 2^n - 1$ 円硬貨を持っている日がちょうど1日ずつある．補題より，各国民が最初の 2^n 日に持っていた硬貨の枚数の和はのべ $n2^{n-1}$ 以上である．よって最初の 2^n 日にすべての国民が持っていた硬貨の枚数の総和はのべ $n2^{2n-1}$ 以上であるから，ある日の硬貨の枚数の和は $n2^{n-1}$ 以上である．国民の持つ硬貨の枚数の和は広義単調減少であるため，最初に $n2^{n-1}$ 枚以上であったことがわかる．

　よって，求める値は $n2^{n-1}$ である．

【4】　与式の x, y の両方に0を代入した式より，$f(0) = (f(0))^2$ つまり $f(0) = 0$ または $f(0) = 1$ であることがわかる．

　まず，$f(0) = 0$ である場合について考える．与式の x, y にそれぞれ $-x, 0$ を代入すると $f(x) = -2x$ が得られる．

　次に，$f(0) = 1$ である場合について考える．与式の y に $-y$ を代入すると

$$f(-yf(x) - x) = f(x)f(-y) + 2x.$$

また，与式の y に0を代入した式より，$f(-x) = f(x) + 2x$ を得る．この事実

を用いて,

$$(左辺) = f(yf(x) + x) + 2yf(x) + 2x,$$

$$(右辺) = f(x)(f(y) + 2y) + 2x$$

であるから,

$$f(yf(x) + x) = f(x)f(y)$$

を得る. これと与式を比較すると,

$$f(yf(x) - x) - f(yf(x) + x) = 2x$$

を得る. ここで, x が $f(x) \neq 0$ であるような実数であった場合, y が実数全体を動くことで $yf(x)$ も実数全体を動くことから, 任意の実数 a に対して $f(a - x) - f(a + x) = 2x$ が成り立つ. また, x が $f(x) = 0$ であるような実数であった場合, $x \neq 0$ であり, $f(-x) = f(x) + 2x = 2x \neq 0$ である. よって上と同様の考察を $-x$ に対してすることで, 任意の実数 a に対して $f(a - (-x)) - f(a + (-x)) = 2(-x)$ すなわち $f(a - x) - f(a + x) = 2x$ が成り立つ. 以上より, 任意の実数 a, x に対して $f(a - x) - f(a + x) = 2x$ が成り立つ. この a, x の両方に $\dfrac{x}{2}$ を代入することで, $f(x) = 1 - x$ を得る.

また, $f(x) = 1 - x$ であるとき与式の両辺は $xy + x - y + 1$ であるのでよい. 一方, $f(x) = -2x$ であるとき与式の両辺は $4xy + 2x$ であるのでこのときも題意をみたす.

以上より, 求める解は $f(x) = -2x, 1 - x$ である.

【5】 問題の条件をみたすような分類を**よい分類**とよぶことにする. よい分類が存在することを m に関する帰納法により証明する.

まず, $m = 2, 3$ の場合に示す. 道路の数 n が最大のときのみ考えればよい. 都市を点, 道路を線で表すことにすると, 下図に示す 3 通りに限られる. それぞれの場合についてよい分類が存在することは明らかである.

$m \geqq 4$ とし, 都市の数が $m - 2$ あるいは $m - 1$ の場合は必ずよい分類が存在すると仮定する. よい分類が存在しないような都市および道路の配置が存在す

るとして矛盾を示す．

一般に，2個の都市 X, Y を合併して1つの都市 X/Y にすることができる．このとき，X と Y を結ぶ道路はなくなり，それ以外の都市 Z から X/Y につながる道路の本数は，Z から X, Y につながる道路の本数の和となる．同様に，3個の都市を合併することもできる．

もし，都市を合併した後によい分類が存在するならば，合併前の都市を合併後の都市と同じグループに入れることで，合併前の場合でもよい分類となる．

さらに，問題の仮定 $n < \frac{3}{2}(m-1)$ は，都市の数 m をいくつか減らし，道路の数 n をその $\frac{3}{2}$ 倍以上減らした場合でも成立する．以上を用いていくつかの補題を示そう．

補題 1 2つの都市 A, B に対して，A と B を結ぶ道路は1本以下である．

補題 1 の証明 背理法により示す．A と B を結ぶ道路が2本以上存在したとする．A と B を合併した場合，都市の数は1減少し，道路の数は2以上減少する．したがって帰納法の仮定を用いることができ，合併後にはよい分類が存在する．しかし，合併前にもよい分類が存在することになるため矛盾する．

以後，都市 A と都市 B をつなぐ道路のことを道路 AB とよぶことにする．

補題 2 3つの都市 A, B, C に対して，道路 AB, BC, CA は同時に存在しない．

補題 2 の証明 背理法により示す．道路 AB, BC, CA が同時に存在するとし，A, B, C の3都市を合併する．都市の数は2減少し，道路の数は3減少するため，補題1の証明と同様の議論により矛盾する．

補題 3 4つの都市 A, B, C, D に対して，道路 AB, BC, CD, DA は同時に存在しない．

補題 3 の証明 背理法により示す．道路 AB, BC, CA, AD が同時に存在すると仮定する．A と B を合併し，C と D を合併する．補題1および補題2から，

合併後の都市 A/B と C/D を結ぶ道路はちょうど 2 本存在するが，これを 1 本に減らす (下図).

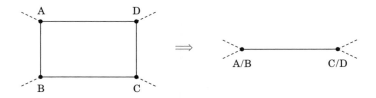

このとき，2 つの都市と 3 本の道路が減るので，帰納法の仮定よりよい分類が存在する．これが合併前においても条件をみたすため矛盾する．

ある都市 X から出ている道路の数を X の**次数**とよぶ．次数が 1 以下の都市が存在すれば，その都市のみをグループ α，それ以外をグループ β とするとよい分類になるため，すべての都市の次数は 2 以上でなければならない．さらに，次の補題が成立する：

補題 4 都市 A と都市 B が道路で結ばれており，A の次数が 2 であるとき，都市 B の次数は 4 以上である．

補題 4 の証明 背理法により示す．都市 B の次数が 2 であるとする．補題 2 より，A, B の両方と道路で結ばれる都市は存在しない．したがって，A, B をグループ α，それ以外をグループ β とするとよい分類になるため矛盾する．都市 B の次数が 3 であるとし，道路 AB の他に道路 AC, BD, BE が存在するとしよう．補題 2 より，A, B, C, D, E はすべて相異なる都市であり，道路 DE は存在しない．そこで，下図のように都市 A, B をとり除き，道路 DE を仮設する．

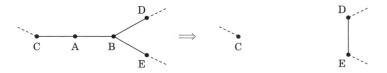

このとき，2 つの都市と 3 本の道路が減るので，A, B 以外の都市を条件をみたすよう 2 つのグループに分類することができる．

さて，A を C と同じグループに入れる．D が E と同じグループに入っているならば B もそのグループに入れ，そうでないならば，B は C と同じグループ

に入れる．これはもとの都市および道路の配置においてよい分類となり，矛盾する．以上より，都市 B の次数が 4 以上であることが示された．

補題 5　都市 A と道路で結ばれた都市のうち，次数 3 以上のものは少なくとも 2 つ存在する．

補題 5 の証明　背理法により示す．A と道路で結ばれた都市を $B_1, \cdots, B_{k-1}$, B_k とし，このうち B_k 以外の都市の次数がすべて 2 であると仮定する．補題 2 および補題 3 より，$A, B_1, \cdots, B_{k-1}$ のうち 2 つ以上と結ばれる都市は存在しない．したがって，$A, B_1, \cdots, B_{k-1}$ をグループ α，それ以外をグループ β とするとよい分類となるので矛盾する．

さて，次数 2 の都市，次数 3 の都市，次数 4 以上の都市の数をそれぞれ a, b, c とし，次数 4 以上の都市の次数の和を d で表す．

次数 4 以上の都市から出ている道路のうち，次数 2 の都市につながる道路の数は $2a$ であり (補題 4)，次数 3 以上の都市につながる道路の数は $2c$ 以上である (補題 5)．ここで，次数 4 以上の都市同士を結ぶ道路は 2 回数えていることに注意せよ．したがって $d \geqq 2a + 2c$ であり，明らかに $d \geqq 4c$ でもあるので，$d \geqq a + 3c$ がわかる．すべて都市の次数の合計は $2a + 3b + d$ であるが，各道路についてちょうど 2 回ずつ数えていることになるのでこの合計は $2n$ に等しい．一方 $m = a + b + c$ であるが

$$2n = 2a + 3b + d \geq 3(a + b + c) = 3m$$

となり，$n < \dfrac{3}{2}(m - 1)$ に矛盾する．以上から，帰納法により示された．

2.4 第27回 日本数学オリンピック 本選 (2017)

● 2017年2月11日 [試験時間4時間, 5問]

1. a, b, c を正の整数とするとき, a と b の最小公倍数と, $a+c$ と $b+c$ の最小公倍数は等しくないことを示せ.

2. N を正の整数とする. 正の整数 $a_1, a_2, \cdots, a_N$ が与えられており, これらはいずれも 2^{N+1} の倍数ではない. $N+1$ 以上の整数 n について, a_n を次のように順次定める:

> $k = 1, 2, \cdots, n-1$ の中で a_k を 2^n で割った余りが最も小さくなるような k を選び, $a_n = 2a_k$ とする. ただし, そのような k が複数ある場合は, そのうち最も大きい k を選ぶ.

このとき, $n \geqq M$ においてつねに $a_n = a_M$ が成り立つような正の整数 M が存在することを示せ.

3. 鋭角三角形 ABC があり, その外心を O とする. 3点 A, B, C から対辺におろした垂線の足をそれぞれ D, E, F とし, さらに辺 BC の中点を M とする. 直線 AD と直線 EF の交点を X, 直線 AO と直線 BC の交点を Y とし, 線分 XY の中点を Z とする. このとき3点 A, Z, M が同一直線上にあることを示せ.

4. n を3以上の整数とする. n 人の人がいて, そのうちの3人以上が参加する集会が毎日行われる. 各集会では, 参加したどの2人も1回ずつ握手をする. n 日目の集会が終わったところ, どの2人もちょうど1回

ずつ握手をしていたという. このとき, すべての集会に同じ人数が参加
していたことを示せ.

5. $x_1, x_2, \cdots, x_{1000}$ は整数で, 672 以下の任意の正の整数 k に対して $\displaystyle\sum_{i=1}^{1000} x_i^k$
は 2017 の倍数であるとする. このとき, $x_1, x_2, \cdots, x_{1000}$ はすべて 2017
の倍数であることを示せ.

ただし, 2017 は素数である.

解答

【1】 素数 q と正の整数 N に対して, N が q^k で割りきれるような最大の非
負整数 k を $\mathrm{ord}_q N$ で表す. また, a と b の最小公倍数, 最大公約数をそれぞれ
L_1, d_1 とし, $a + c$ と $b + c$ の最小公倍数, 最大公約数をそれぞれ L_2, d_2 とす
る. $L_1 = L_2$ と仮定し, この値を L とおく.

素数 p を任意にとり, $\mathrm{ord}_p a = m$, $\mathrm{ord}_p b = n$ とおく. $m \leqq n$ とすると,
$\mathrm{ord}_p d_1 = m$ であり, $\mathrm{ord}_p L = n$ なので, $\mathrm{ord}_p (a + c) = n$ または $\mathrm{ord}_p (b + c) = n$ が成り立つ. よって c は p^m で割りきれるので, $a + c, b + c$ はともに p^m で
割りきれる. よって d_2 は p^m の倍数である. 同様に $m > n$ ならば $\mathrm{ord}_p d_1 = n$
であり, d_2 は p^n の倍数であることがわかる. p は任意であったから, d_2 は d_1
の倍数である.

前の議論で a, b, c をそれぞれ $a + c, b + c, -c$ に置き換えると, d_1 は d_2 の
倍数であることもわかる. よって $d_1 = d_2$ がわかるが, $L_1 = L_2$ より, $ab = d_1 L_1 = d_2 L_2 = (a + c)(b + c)$ となり矛盾する. したがって, $L_1 \neq L_2$ である.

【2】 $a_1, a_2, \cdots, a_N$ のうち最小のものを m とし, また $N + 1$ 以上の整数 n に
ついて, $a_1, a_2, \cdots, a_{n-1}$ のうち最大のものの値を L_n とする. 任意の $n \geqq N + 1$ で $a_n \geqq 2m$ であるから, $a_1, a_2, \cdots, a_{n-1}$ のうちの最小のものはつねに m で

あることに注意しておく.

まず, $L_M < 2^M$ をみたす M がとれると仮定する. ここで, $n \geqq N+1$ では $a_n \leqq 2L_n$ が成り立つから, $L_n < 2^n$ ならば $L_{n+1} \leqq 2L_n < 2^{n+1}$ が導ける. よって帰納的に $n \geqq M$ でつねに $L_n < 2^n$ が成り立つ. $L_n < 2^n$ のとき a_n は明らかに $a_1, a_2, \cdots, a_{n-1}$ のうち最小のものの 2 倍になるから, $a_n = 2m$ である. したがって $n \geqq M$ で $a_n = 2m = a_M$ となることがわかった.

このような M が存在しないとすると, 任意の $N+1$ 以上の整数 n に対して $L_n \geqq 2^n$ が成り立つことになる. 任意の $n \geqq N+1$ で $L_n \geqq 2^{n+a}$ が成り立つような非負整数 a のうち最大のものを A としよう. A の最大性より, $2^{\ell+A} \leqq L_\ell < 2^{\ell+A+1}$ をみたすような $\ell \geqq N+1$ がとれる. このとき, $L_{\ell+1} \geqq 2^{\ell+A+1}$ より $L_\ell < 2^{\ell+A+1} \leqq L_{\ell+1} = a_\ell$ である. $a_{\ell+1} \neq 2a_\ell$ とすると $L_{\ell+2} < 2^{\ell+A+2}$ となってしまい矛盾するから, $a_{\ell+1} = 2a_\ell$. $n = \ell+1$ でも $2^{n+A} \leqq L_n < 2^{n+A+1}$ が成り立っているので, 帰納的に $n \geqq \ell+1$ において $a_n = 2a_{n-1}$ が成り立つ. したがって任意の $n \geqq \ell$ に対して $a_n = 2^{n-\ell}a_\ell$ が成り立つことがわかった.

よって a_{n+1} のとり方より, $n \geqq \ell$ で a_n を 2^{n+1} で割った余りは m 以下でなければならない. しかし, a_ℓ を $2^{\ell+1}$ で割った余りを r とすると, 帰納的に a_n を 2^{n+1} で割った余りは $2^{n-\ell}r$ となる. 任意の $n \geqq \ell+1$ について $2^{n-\ell}r \leqq m$ が成り立つので, $r = 0$. したがって $n \geqq \ell$ で a_n は 2^{n+1} の倍数. しかし $a_1, a_2, \cdots, a_N$ はどれも 2^{N+1} の倍数ではなかったので, $n \geqq N$ において a_n は 2^{n+1} の倍数ではないことが帰納的にわかり, 矛盾する.

以上より, $L_M < 2^M$ をみたす M は存在し, この M について問題の主張は成り立つ.

【3】 三角形 ABC の垂心を H とする. また点 G を AG が三角形 ABC の外接円の直径となるようにとる. このとき直線 BH, GC はともに直線 AC に垂直であるから, 平行である. 同様にして直線 CH, GB も平行なので四角形 BHCG は平行四辺形である. さらに点 M が線分 BC の中点であることから, 3 点 H, M, G は同一直線上にあり, この順に等間隔で並ぶ.

ここで $\angle AEH = \angle AFH = 90°$ であることから, 4 点 A, E, H, F は同一円周上にあり, AH はその直径である. さらに $\angle BFC = \angle BEC = 90°$ なので 4 点

B, C, E, F は同一円周上にあり，∠AFE = ∠ACB, ∠AEF = ∠ABC が成立する
ため，三角形 AEF と三角形 ABC が相似である．よって四角形 AEHF と四角
形 ABGC は相似であり，この相似において点 X と点 Y は対応する．したがっ
て AX : XH = AY : YG が成立し，Z は線分 XY の中点で，M は線分 HG の中
点なので，3 点 A, Z, M は同一直線上にある．

【4】 n 人の人を $A_1, A_2, \cdots, A_n$ とし，i 日目の集会を S_i とする．ここで，ど
の相異なる 2 つの集会に対しても，それらに両方参加した人は高々 1 人である
ことに注意しておく．A_i が参加した集会の数を a_i, S_i に参加した人数を s_i と
すると，人とその人が参加した集会のペアの個数を数えることで，

$$\sum_{k=1}^{n} a_k = \sum_{k=1}^{n} s_k \qquad (*)$$

がわかる．対称性より，$a_1, a_2, \cdots, a_n$ のうち a_n が最小であるとしてよく，$a_n =
k$ とする．明らかに $2 \leqq k \leqq n-1$ である．また，A_n の参加した集会が
$S_1, S_2, \cdots, S_k$ であるとしてよい．さらに，$S_1, S_2, \cdots, S_k$ のうちの 2 つ以上
に参加している人は A_n のみであることから，$1 \leqq i \leqq k$ について A_i が S_i に
参加したとして一般性を失わない．ここで次の補題 1, 2 が成り立つ．

補題 1 $s_{k+1} = \cdots = s_n = k$ である．また，$1 \leqq i \leqq k$ および $k+1 \leqq j \leqq n$
なる整数 i, j について，S_i と S_j の両方に参加していた人がちょうど 1 人いる．

証明 一般に集会 S_p に A_q が参加しなかったとすると，A_q の参加した集会
に S_p の参加者は高々 1 人しか参加できないが，A_q は S_p の参加者全員と握手
しているため，$s_p \leqq a_q$ となる．これに注意すると，$s_2 \leqq a_1, s_3 \leqq a_2, \cdots, s_k \leqq
a_{k-1}, s_1 \leqq a_k$ が成り立つ．また $k+1 \leqq j \leqq n$ について $s_j \leqq a_n$ であり，a_n の
最小性とあわせて $s_j \leqq a_j$ が成り立つ．しかし，$(*)$ より，すべて等号が成り立
たなくてはいけない．特に，$s_{k+1} = \cdots = s_n = k$ である．

一方，$k+1 \leqq j \leqq n$ に対して，S_j の参加者が A_n と握手していたので，
$S_1, S_2, \cdots, S_k$ のいずれかに参加していた．ここで，$s_j = k$ なので，これらの
集会にちょうど 1 人ずつが参加していたことがわかる．

補題 2 $s_1 = s_2 = \cdots = s_k$ が成り立つ．

証明 補題 1 より，$k = s_n$ なので $k \geqq 3$ である．対称性より，$s_1 = s_2$ を示

100 第 2 部 日本数学オリンピック 本選

せばよい.

A_3 が参加した集会を $S_3, T_1, \cdots, T_l$ とすると,$T_1, \cdots, T_l$ には A_n は参加していない.よって補題 1 より,$1 \leqq j \leqq l$ について,T_j と S_1 に参加した人がちょうど 1 人いるとわかる.A_3 は S_1 に参加した A_n 以外の人と 1 回ずつ握手をしたので,$(A_n$を除いた S_1の参加人数$) = l$ が言える.同様に $(A_n$を除いた S_2の参加人数$) = l$ も言えるので,$s_1 = s_2$ が成り立つ.よって示された.

補題 1 より,A_n が参加していない集会には,S_1 と S_2 の A_n 以外の参加者がそれぞれ 1 人ずつ参加していたことがわかる.S_1 の A_n 以外の参加者と S_2 の A_n 以外の参加者の組は l^2 組あるので,これらの人同士がちょうど 1 回ずつ握手したことから A_n が参加していない集会がちょうど l^2 個であることがわかる.

よって,集会の数に注目すると,$n = l^2 + k$ がわかる.一方,A_n 以外の人は全員,$S_1, S_2, \cdots, S_k$ のうちのちょうど 1 つに参加していたことから,$n = lk + 1$ となるので,$l^2 + k = lk + 1$ が成り立つ.よって,$(l-1)(l-k+1) = 0$ であり,$l - 1 = s_1 - 2 \geqq 1$ より $l = k - 1$ を得る.これはすべての集会の参加者数が等しいことを意味する.

【5】 整数 x, y に対して,$x - y$ が 2017 で割りきれることを単に $x \equiv y$ と書くことにする.

非負整数 k に対して $S_k = \displaystyle\sum_{i=1}^{1000} x_i^k$ とおき,$1 \leq k \leq 1000$ に対し $T_k = \displaystyle\sum_{1 \leq i_1 < \cdots < i_k \leq 1000} x_{i_1} \cdots x_{i_k}$ とおく.また,$T_0 = 1$ とする.条件より $S_1 \equiv S_2 \equiv \cdots \equiv S_{672} \equiv 0$ である.

補題 $T_1 \equiv T_2 \equiv \cdots \equiv T_{672} \equiv 0$ である.

証明 以下,$\displaystyle\sum_{i_1, \cdots, i_j} x_{i_1}^{a_1} \cdots x_{i_j}^{a_j}$ は,$(i_1, \cdots, i_j)$ が 1 以上 1000 以下の相異なる j 個の整数の組全体を動くときの $x_{i_1}^{a_1} \cdots x_{i_j}^{a_j}$ の和を表すものとする.まず,672 以下の任意の正の整数 j および $k_1 + \cdots + k_j \leq 672$ をみたす任意の正の整数の組 $(k_1, \cdots, k_j)$ に対し,

$$\sum_{i_1, \cdots, i_j} x_{i_1}^{k_1} \cdots x_{i_j}^{k_j} \equiv 0$$

が成り立つことを j に関する数学的帰納法で示す．まず $j = 1$ のときは問題の条件よりよい．$j = h - 1$ $(2 \leqq h \leqq 672)$ で成り立つと仮定すると，$k_1 + \cdots + k_h \leqq 672$ をみたす任意の正の整数の組 $(k_1, \cdots, k_h)$ に対し，

$$
0 \equiv \Big(\sum_{i_1, \cdots, i_{h-1}} x_{i_1}^{k_1} \cdots x_{i_{h-1}}^{k_{h-1}} \Big) \Big(\sum_{i=1}^{1000} x_i^{k_h} \Big)
$$

$$
\equiv \sum_{i_1, \cdots, i_h} x_{i_1}^{k_1} \cdots x_{i_h}^{k_h} + \sum_{i_1, \cdots, i_{h-1}} x_{i_1}^{k_1 + k_h} \cdots x_{i_{h-1}}^{k_{h-1}}
$$

$$
+ \cdots + \sum_{i_1, \cdots, i_{h-1}} x_{i_1}^{k_1} \cdots x_{i_{h-1}}^{k_{h-1} + k_h}
$$

$$
\equiv \sum_{i_1, \cdots, i_h} x_{i_1}^{k_1} \cdots x_{i_h}^{k_h}
$$

より，$j = h$ でも成り立つのでよい．よって $1 \leqq k \leqq 672$ のとき，

$$
0 \equiv \sum_{i_1, \cdots, i_k} x_{i_1} \cdots x_{i_k} \equiv k! T_k
$$

であり，2017 は素数なので $k!$ は 2017 と互いに素だから，$T_k \equiv 0$ である．

さて，各 $j = 1, 2, \cdots, 1000$ に対し，

$$
\sum_{i=0}^{1000} (-1)^i T_{1000-i} x_j^i = (x_1 - x_j)(x_2 - x_j) \cdots (x_{1000} - x_j) = 0
$$

なので，k を正の整数として，x_j^k を掛けて j について和をとると，

$$
\sum_{i=0}^{1000} (-1)^i T_{1000-i} S_{i+k} = 0
$$

がわかる．ここで，$T_0 = 1$ に注意すると，

$$
S_{1000+k} = \sum_{i=0}^{999} (-1)^{i+1} T_{1000-i} S_{i+k}
$$

を得る．よって，$1 \leqq k \leqq 344$ のとき，問題の条件と補題より，

$$
S_{1000+k} \equiv \sum_{i=0}^{328} (-1)^{i+1} T_{1000-i} S_{i+k} + \sum_{i=329}^{999} (-1)^{i+1} T_{1000-i} S_{i+k} \equiv 0
$$

がわかるから，$S_{1001} \equiv S_{1002} \equiv \cdots \equiv S_{1344} \equiv 0$ が成り立つ．よって，

$$S_{2016} \equiv \sum_{i=0}^{328} (-1)^{i+1} T_{1000-i} S_{i+1016} + \sum_{i=329}^{999} (-1)^{i+1} T_{1000-i} S_{i+1016} \equiv 0$$

である. 一方 2017 は素数なので, フェルマーの小定理より, 整数 a に対し a^{2016} を 2017 で割った余りは, a が 2017 の倍数のとき 0, そうでないとき 1 である. よって S_{2016} を 2017 で割った余りは $x_1, x_2, \cdots, x_{1000}$ のうち 2017 の倍数でないものの個数に等しいので, $x_1, x_2, \cdots, x_{1000}$ はすべて 2017 の倍数であることがわかる.

参考　問題の 672 という値は最良である. 実際, r を mod 2017 における原始根の 1 つとして, $x_i = r^{3(i-1)}$ $(1 \leqq i \leqq 672)$ とし, それ以外の x_i は 0 としたとき, 671 以下の任意の正の整数 k に対し $\sum_{i=1}^{1000} x_i^k \equiv 0 \pmod{2017}$ が成り立つ (一般に素数 p に対し, p と互いに素な整数 r であって, $r^d \equiv 1 \pmod{p}$ をみたす最小の正の整数 d が $p-1$ に等しいものが存在することが知られており, この r を mod p における原始根という).

2.5　第28回 日本数学オリンピック 本選 (2018)

─────────────────────────────

● 2018 年 2 月 11 日 [試験時間 4 時間，5 問]

1.　　黒板に 1 以上 100 以下の整数が 1 つずつ書かれている．黒板から整数 a, b を選んで消し，新たに $a^2b^2 + 3$ と $a^2 + b^2 + 2$ の最大公約数を書くという操作を繰り返し行う．黒板に書かれている整数が 1 つだけになったとき，その整数は平方数ではないことを示せ．

2.　　AB < AC なる三角形 ABC の辺 AB, AC 上 (端点を含まない) に点 D, E があり，CA = CD, BA = BE をみたしている．三角形 ADE の外接円を ω とし，さらに直線 BC に関して A と対称な点を P とおく．直線 PD と ω の交点のうち D でない方を X, 直線 PE と ω の交点のうち E でない方を Y とするとき，直線 BX と直線 CY が ω 上で交わることを示せ．

　　ただし，ST で線分 ST の長さを表すものとする．

3.　　$S = \{1, 2, \cdots, 999\}$ とおく．f は S 上で定義され S に値をとる関数であり，任意の S の要素 n に対して

$$f^{n+f(n)+1}(n) = f^{nf(n)}(n) = n$$

が成り立つとする．このとき，$f(a) = a$ をみたす S の要素 a が存在することを示せ．

　　ただし，$f^k(n)$ で $\underbrace{f(f(\cdots f(n)\cdots))}_{k\,個}$ を表すものとする．

4.　　n を正の奇数とする．縦横に無限に広がるマス目があるとき，以下の

104 第 2 部 日本数学オリンピック 本選

条件をすべてみたすように各マスに 1, 2, 3 のいずれかの数をちょうど 1 つずつ書き込むことはできないことを示せ.

(a) 辺を共有して隣りあうマスに同じ数字は書かれていない.

(b) 縦または横に連続したどの 3×1 または 1×3 のマス目にも, 上, 下, 左または右から順に 1, 2, 3 と書かれていない.

(c) $n \times n$ のマス目に書かれた数の総和は位置によらずすべて等しい.

5. T を正の整数とする. 正の整数 2 つの組に対して定義され正の整数値をとる関数 f と整数 $C_0, C_1, \cdots, C_T$ であって, 以下をみたすものをすべて求めよ:

- 任意の正の整数 n に対し, $f(k,l) = n$ なる正の整数の組 (k,l) はちょうど n 個ある.

- $t = 0, 1, \cdots, T$ と任意の正の整数の組 (k,l) について, $f(k+t, l+T-t) - f(k,l) = C_t$ が成り立つ.

解答

【1】 整数 x, y に対し, $x^2 y^2 + 3$ と $x^2 + y^2 + 2$ の最大公約数を $f(x,y)$ で表す.

補題 a, b を整数とする. このとき $f(a,b)$ が 3 の倍数であることと, a, b の一方のみが 3 の倍数であることは同値である. また, $f(a,b)$ は 9 の倍数でない.

証明 a, b がともに 3 の倍数のとき, $a^2 + b^2 + 2 \equiv 0 + 0 + 2 \equiv 2 \pmod 3$ より, $f(a,b)$ は 3 の倍数でない. a, b がともに 3 の倍数でないとき, $a^2 b^2 + 3 \equiv 1 \cdot 1 + 3 \equiv 1 \pmod 3$ より, $f(a,b)$ は 3 の倍数でない. 一方, a, b のうち片方のみが 3 の倍数であるとき, 対称性から a のみが 3 の倍数であるとして一般性を失わず, $a^2 + b^2 + 2 \equiv 0 + 1 + 2 \equiv 0 \pmod 3$, $a^2 b^2 + 3 \equiv 0 \cdot b^2 + 3 \equiv 3 \pmod 9$

より，$f(a,b)$ は 3 の倍数であって 9 の倍数でない．よって，補題が示された．

操作を繰り返して最後に残った整数を M とおく．補題の前半の主張より，黒板に書かれている 3 の倍数の個数の偶奇は操作によって不変であり，最初に 3 の倍数は奇数個書かれているので，M は 3 の倍数である．一方，補題の後半の主張より，M は 9 の倍数でない．よって M は 3 でちょうど 1 回割りきれるので，平方数でない．以上より，題意が示された．

【2】 $\alpha = \angle \mathrm{BAC}, \beta = \angle \mathrm{CBA}, \gamma = \angle \mathrm{ACB}$ とおく．

$\angle \mathrm{BPC} = \alpha, \angle \mathrm{BDC} = 180° - \angle \mathrm{ADC} = 180° - \alpha, \angle \mathrm{BEC} = 180° - \angle \mathrm{AEB} = 180° - \alpha$ より，5 点 $\mathrm{B, C, D, E, P}$ は同一円周上にあることがわかる．

$\mathrm{AB} < \mathrm{AC}$ より $\beta > \gamma$ なので，

$$\angle \mathrm{PDE} = \angle \mathrm{PBE} = \angle \mathrm{PBC} + \angle \mathrm{CBE} = \beta + \alpha - \gamma > \alpha$$

である．よって直線 PD 上の D に関して P と反対側の部分に $\angle \mathrm{DX'E} = \alpha$ となる点 X$'$ がとれ，このとき $\angle \mathrm{DX'E} = \angle \mathrm{DAE} = \alpha$ より X$'$ は ω 上にあるので X$'$ と X は一致する．したがって P, D, X はこの順に並ぶ．同様にして P, Y, E はこの順に並んでいることがわかる．

円周角の定理を繰り返し用いて，

$$\angle \mathrm{AXY} = \angle \mathrm{YEC} = \angle \mathrm{PEC} = \angle \mathrm{PBC} = \beta$$

である．同様に $\angle \mathrm{AYX} = \gamma$ とわかる．よって，三角形 AXY と三角形 ABC は相似であり，$\angle \mathrm{XAB} = \alpha - \angle \mathrm{BAY} = \angle \mathrm{YAC}$ および $\mathrm{XA : AB = YA : AC}$ より，三角形 AXB と三角形 AYC も相似である．したがって，直線 BX, CY の交点を Q とおくと，B, X, Q がこの順に並ぶとき，

$$\angle \mathrm{AYQ} = 180° - \angle \mathrm{AYC} = 180° - \angle \mathrm{AXB} = \angle \mathrm{AXQ}$$

であるので，円周角の定理の逆から，Q は三角形 AXY の外接円，すなわち ω 上にあることがいえる．B, Q, X がこの順に並ぶときは，最後が $180° - \angle \mathrm{AXB} = 180° - \angle \mathrm{AXQ}$ となり，同様に Q は ω 上にある．Q = X のときも，明らかに Q は ω 上にあるので，いずれの場合についても，題意が示された．

【3】   簡単のため f^0 で S 上の恒等写像を表す．つまり，任意の $n \in S$ に対し

106　第 2 部　日本数学オリンピック 本選

て $f^0(n) = n$ である.

与えられた条件から, 各 $n \in S$ に対し, $f^l(n) = n$ なる正の整数 l が存在するが, はじめに, このことのみから従う事実を補題としてまとめておく. $f^l(n) = n$ なる正の整数 l のうち最小のものを $l(n)$ で表す.

補題 1　$n \in S$ とする. $i, j \geqq 0$ に対し, $f^i(n) = f^j(n)$ と $i \equiv j \pmod{l(n)}$ は同値である.

証明　$l = l(n)$ とおく. $i \equiv j \pmod{l}$ のとき $f^i(n) = f^j(n)$ であることを示す. 一般性を失わず, $i \geqq j$ としてよい. $f^{k+l}(n) = f^k(f^l(n)) = f^k(n)$ $(k \geqq 0)$ より, $t \geqq 0$ に対し $f^{k+tl}(n) = f^k(n)$ であることが帰納的にわかる. $k = j$ とし, $i = j + tl$ なる t をとればよい.

逆に, $f^i(n) = f^j(n)$ のとき $i \equiv j \pmod{l}$ であることを示す. $i = tl + i'$, $j = sl + j'$ $(t, s \geqq 0, 0 \leqq i', j' < l)$ とおくことができる. 一般性を失わず, $i' \geqq j'$ としてよい. 先に示したことから $f^i(n) = f^{i'}(n)$, $f^j(n) = f^{j'}(n)$ であり, よって, $f^{i'}(n) = f^{j'}(n)$ である. $f^{i'-j'}(n) = f^{i'+(l-j')}(n) = f^{l-j'}(f^{i'}(n)) = f^{l-j'}(f^{j'}(n)) = f^l(n) = n$ であるが, $0 \leqq i' - j' < l$ なので l の定義から, $i' - j' = 0$ となる. これは $i \equiv j \pmod{l}$ を意味する.

$C(n) = \{f^k(n) \mid k \geqq 0\}$ $(n \in S)$ とおく. このような形で表される S の部分集合を**サイクル**とよぶ. 補題 1 より, $C(n)$ の大きさ (要素の個数) は $l(n)$ である. また, $C(n)$ の大きさが 1 であることと $f(n) = n$ は同値である.

補題 2　各 $n \in S$ はちょうど 1 つのサイクルに属す.

証明　n が属すサイクルとして $C(n)$ がとれるので, $n \in C(m)$ と仮定して $C(m) = C(n)$ を示せばよい. 仮定から, $n = f^i(m)$ なる $0 \leqq i < l(m)$ があり, $C(m) = \{f^k(n) \mid k \geqq i\} \subset C(n)$ となる. $j = l(m) - i$ とおくと, $f^j(n) = f^j(f^i(m)) = f^{l(m)}(m) = m$ であり, 同様に $C(n) \subset C(m)$ が得られる. よって, $C(m) = C(n)$ である.

補題 1 と問題で与えられた条件から, 任意の $n \in S$ に対して

$$n + f(n) + 1 \equiv nf(n) \equiv 0 \pmod{l(n)} \tag{$*$}$$

である. $n \in S$ を 1 つ固定し, $l = l(n), a_i = f^i(n)$ $(i \geqq 0)$ とおく. 補題 1 より $l(a_i) = l$ である. $l \geqq 2$ と仮定し, l の素因数の 1 つを p とおく. $(*)$ を $n = a_i$

に適用して，$a_i + a_{i+1} + 1 \equiv a_i a_{i+1} \equiv 0 \pmod{l}$ であり，特に，

$$a_i + a_{i+1} \equiv -1 \pmod{p}, \qquad a_i a_{i+1} \equiv 0 \pmod{p}.$$

後者の式から $a_i \equiv 0 \pmod{p}$ または $a_{i+1} \equiv 0 \pmod{p}$ であり，これと前者の式から，

$$a_i \equiv 0,\ a_{i+1} \equiv -1 \pmod{p} \quad \text{または} \quad a_i \equiv -1,\ a_{i+1} \equiv 0 \pmod{p}$$

が各 i に対して成り立つ．したがって，帰納的に

- $a_0 \equiv 0,\ a_1 \equiv -1,\ a_2 \equiv 0,\ a_3 \equiv -1,\ \cdots \pmod{p}$,

- $a_0 \equiv -1,\ a_1 \equiv 0,\ a_2 \equiv -1,\ a_3 \equiv 0,\ \cdots \pmod{p}$

のどちらかが成り立ち，いずれにせよ，i が奇数のとき $a_i \not\equiv a_0 \pmod{p}$ である．l が奇数の場合，$a_l \not\equiv a_0 \pmod{p}$ となるが，これは $a_0 = a_l$ に反する．よって，l は偶数でなければならない．

どのサイクルの大きさも 1 または偶数であることが示された．一方で，補題 2 よりすべてのサイクルの大きさの和は S の要素の個数 999，すなわち奇数である．したがって，大きさが 1 のサイクル $C(a)$ が存在し，先に述べたとおり，この a は $f(a) = a$ をみたす．

【4】 問題文の条件 (a)，(b)，(c) のすべてをみたす書き込み方が存在したと仮定して矛盾を導く．あるマスを $(0,0)$ とし，整数 x, y に対し，そのマスから右に x マス，上に y マス進んだ先のマスを (x, y) で表す．また，(x, y) に書かれた数を $f(x, y)$ で表す．

まず，$f(x, y) = 2$ のとき，$f(x-1, y) = f(x, y-1) = f(x, y+1) = f(x+1, y)$ が成り立つことを示す．(a)，(b) より $f(x-1, y) = f(x+1, y)$, $f(x, y-1) = f(x, y+1)$ なので，$f(x, y+1) \neq f(x+1, y)$ のとき矛盾することを示せば十分である．対称性より一般性を失うことなく $(x, y) = (0, 0)$, $f(0, 1) = 3$, $f(1, 0) = 1$ としてよい．(a) より $f(1, 1) = 2$ と定まる．ここで，以下の補題を示す．

補題 整数 s, t が $f(s, t) = 2$, $f(s, t+1) = 3$, $f(s+1, t) = 1$, $f(s+1, t+1) = 2$ をみたすとき，

108　第 2 部　日本数学オリンピック 本選

(i) $f(s+2,t) = 2$, $f(s+2,t+1) = 3$, $f(s+3,t) = 1$, $f(s+3,t+1) = 2$ が
成り立つ.

(ii) $f(s,t+2) = 2$, $f(s,t+3) = 3$, $f(s+1,t+2) = 1$, $f(s+1,t+3) = 2$ が
成り立つ.

証明　(i) (a), (b) より $f(s+2,t+1) = 3$, (a) より $f(s+2,t) = 2$, (a), (b)
より $f(s+3,t) = 1$, (a) より $f(s+3,t+1) = 2$ と順に定まる.

(ii) (a), (b) より $f(s+1,t+2) = 1$, (a) より $f(s,t+2) = 2$, (a), (b) より
$f(s,t+3) = 3$, (a) より $f(s+1,t+3) = 2$ と順に定まる.

任意の非負整数 x, y に対し, $x = 2\alpha + i$, $y = 2\beta + j$ をみたす非負整数 α, β と,
$i, j \in \{0, 1\}$ をとれる. このとき, 補題の (i) を $(s,t) = (0,0), (2,0), \cdots, (2\alpha - 2, 0)$ に, 補題の (ii) を $(s,t) = (2\alpha, 0), (2\alpha, 2), \cdots, (2\alpha, 2\beta - 2)$ に順に適用する
ことで, $f(i,j) = f(2\alpha + i, 2\beta + j) = f(x,y)$ を得る.

　したがって, n は奇数であるため

$$\sum_{k=0}^{n-1}\sum_{l=0}^{n-1} f(k,l) - \sum_{k=1}^{n}\sum_{l=0}^{n-1} f(k,l) = \sum_{l=0}^{n-1} f(0,l) - \sum_{l=0}^{n-1} f(n,l)$$

$$= \left(\frac{n+1}{2}\cdot 2 + \frac{n-1}{2}\cdot 3\right) - \left(\frac{n+1}{2}\cdot 1 + \frac{n-1}{2}\cdot 2\right) = n$$

であるが, これは (c) より

$$\sum_{k=0}^{n-1}\sum_{l=0}^{n-1} f(k,l) = \sum_{k=1}^{n}\sum_{l=0}^{n-1} f(k,l)$$

であることと矛盾する. 以上より $f(x,y) = 2$ のとき, $f(x-1,y) = f(x,y-1) = f(x,y+1) = f(x+1,y)$ が成り立つことが示された.

　これと (a) より, 任意のマス (x,y) について,

(+) $f(x-1,y)$, $f(x,y-1)$, $f(x,y+1)$, $f(x+1,y)$ はいずれも $f(x,y)$ より小
さい,

(−) $f(x-1,y)$, $f(x,y-1)$, $f(x,y+1)$, $f(x+1,y)$ はいずれも $f(x,y)$ より大
きい

2.5. 第 28 回 日本数学オリンピック 本選 (2018) 109

のいずれかが成り立つことがわかる. (+) をみたすとき $f(x, y) \geqq 2$, (−) をみたすとき $f(x, y) \leqq 2$ である. (+) をみたすマスどうし, (−) をみたすマスどうしは隣りあわないため, (+) をみたすマスと (−) をみたすマスは交互に存在することがわかる. すなわち, (x, y) が (+) をみたすと仮定すると, (x', y') は $(x' - x) + (y' - y)$ が偶数のとき (+) を, 奇数のとき (−) をみたす.

ここで,

$$\sum_{k=x}^{x+n-1} \sum_{l=y}^{y+n-1} f(k, l) - \sum_{k=x+1}^{x+n} \sum_{l=y}^{y+n-1} f(k, l) = \sum_{l=y}^{y+n-1} f(x, l) - \sum_{l=y}^{y+n-1} f(x+n, l),$$

$$\sum_{k=x}^{x+n-1} \sum_{l=y+1}^{y+n} f(k, l) - \sum_{k=x+1}^{x+n} \sum_{l=y+1}^{y+n} f(k, l) = \sum_{l=y+1}^{y+n} f(x, l) - \sum_{l=y+1}^{y+n} f(x+n, l)$$

であるが, (c) よりこの 2 式の左辺は 0 である. 右辺どうしの差をとって

$$f(x, y) + f(x+n, y+n) = f(x, y+n) + f(x+n, y) \tag{$*$}$$

を得る. (x, y) が (+) をみたすとき $(x+n, y+n)$ も (+) をみたし, n は奇数なので $(x, y+n), (x+n, y)$ は (−) をみたす. このとき $f(x, y), f(x+n, y+n) \geqq 2$, $f(x, y+n), f(x+n, y) \leqq 2$ であったので, $(*)$ より $f(x, y) = f(x+n, y+n) = f(x, y+n) = f(x+n, y) = 2$ が成り立つ. (x, y) が (−) をみたすときも, $f(x, y), f(x+n, y+n) \leqq 2$, $f(x, y+n), f(x+n, y) \geqq 2$ なので, 同様に $(*)$ より $f(x, y) = f(x+n, y+n) = f(x, y+n) = f(x+n, y) = 2$ が成り立つ. さらに, $(*)$ は x を $x+1$ に置き換えても成り立つので, 同様に $f(x+1, y) = f(x+n+1, y+n) = f(x+1, y+n) = f(x+n+1, y) = 2$ を得る. したがって, $f(x, y) = f(x+1, y) = 2$ であるが, これは (a) に矛盾する.

以上より, (a), (b), (c) をすべてみたす書き込み方が存在しないことが示された.

【5】 $f(k, l) = k + l - 1$, $C_0 = C_1 = \cdots = C_T = T$ が求める解であることを示す. これが条件をみたすことは明らかである.

$a = C_T$, $b = C_0$ とおく. $a \leqq 0$ であったとすると,

$$f(1, 1) \geqq f(T+1, 1) \geqq f(2T+1, 1) \geqq \cdots$$

となる．条件より f は正の整数値をとるので，ある正の整数 n に対して $f(mT+1,1)=n$ なる正の整数 m が無数に存在することになり，条件に反する．よって $a>0$ であり，同様にして $b>0$ であることがわかる．

正の整数の組 (k,l) に対し，$g(k,l)=f(k,l)-\dfrac{a}{T}k-\dfrac{b}{T}l$ とおくと，$g(k+T,l)=g(k,l)$，$g(k,l+T)=g(k,l)$ である．したがって，正の整数の組 (k_0,l_0) を $1\leqq k_0\leqq T$，$1\leqq l_0\leqq T$ であって $k-k_0,l-l_0$ がそれぞれ T の倍数になるようにとると，$g(k,l)=g(k_0,l_0)$ が成立する．よって，R を $1\leqq p\leqq T$，$1\leqq q\leqq T$ をみたす正の整数の組 (p,q) についての $|g(p,q)|$ の最大値より大きい整数とすると，$|g(k,l)|=|g(k_0,l_0)|\leqq R$ であり，

$$\frac{a}{T}k+\frac{b}{T}l-R\leqq f(k,l)\leqq \frac{a}{T}k+\frac{b}{T}l+R \tag{$*$}$$

が成立する．

いま，正の整数 n に対して $p(n)$ で $\dfrac{a}{T}k+\dfrac{b}{T}l\leqq abn$ なる正の整数の組 (k,l) の個数を表すものとする．$p(n)$ は座標平面上で $(0,0)$，$(bnT,0)$，$(0,anT)$ を頂点にもつ三角形の内部または $(0,anT)$ と $(bnT,0)$ を結ぶ線分上の端点以外にある格子点の個数に等しい．したがって，$2p(n)$ は $(0,0)$，$(bnT,0)$，(bnT,anT)，$(0,anT)$ を頂点にもつ長方形の内部に含まれる格子点の個数と，$(0,anT)$ と $(bnT,0)$ を結ぶ線分上の端点以外の格子点の個数の和に等しいため，

$$\frac{(anT-1)(bnT-1)}{2}\leqq p(n)\leqq \frac{(anT-1)(bnT-1)+(anT-1)}{2}\leqq \frac{abn^2T^2}{2}$$

が成立する．

$abn-R>0$ となるとき，$f(k,l)\leqq abn-R$ なる正の整数の組 (k,l) の個数は条件より $\dfrac{(abn-R)(abn-R+1)}{2}$ に等しく，そのような (k,l) については $(*)$ より $\dfrac{a}{T}k+\dfrac{b}{T}l\leqq abn$ が成立するので，

$$\frac{(abn-R)(abn-R+1)}{2}\leqq p(n)\leqq \frac{abn^2T^2}{2}$$

を得る．この不等式の両辺を n についての多項式としてみたとき，いずれも 2 次式であり，左辺の n^2 の係数は $\dfrac{a^2b^2}{2}$，右辺の n^2 の係数は $\dfrac{abT^2}{2}$ である．n は

いくらでも大きくとれるので $\dfrac{a^2b^2}{2} \leqq \dfrac{abT^2}{2}$, すなわち $ab \leqq T^2$ である.

また, $\dfrac{a}{T}k + \dfrac{b}{T}l \leqq abn$ が成立するような (k,l) については $(*)$ より $f(k,l) \leqq abn + R$ であり, $f(k,l) \leqq abn + R$ なる正の整数の組 (k,l) の個数は条件より $\dfrac{(abn+R)(abn+R+1)}{2}$ であるので,

$$\frac{(anT-1)(bnT-1)}{2} \leqq p(n) \leqq \frac{(abn+R)(abn+R+1)}{2}$$

を得る. よって前述の議論と同様に $\dfrac{abT^2}{2} \leqq \dfrac{a^2b^2}{2}$, すなわち $T^2 \leqq ab$ である. 以上の評価をあわせて, $ab = T^2$ であることが示された.

いま, 任意にとった正の整数 k, l について,

$$f(k+1,l) - f(k,l+1)$$
$$= (f(k+1,l) - f(k+T,l+1)) + (f(k+T,l+1) - f(k,l+1))$$
$$= -C_{T-1} + C_T$$

が成立するので, $m = -C_{T-1} + C_T$ とすると,

$$a - b = f(T+1,1) - f(1,T+1)$$
$$= (f(T+1,1) - f(T,2)) + (f(T,2) - f(T-1,3)) + \cdots$$
$$\qquad + (f(2,T) - f(1,T+1))$$
$$= Tm$$

となる. $ab = T^2$ とあわせて $b(b+Tm) = T^2$ を得る. これを T の 2 次方程式とみなすと, T は整数なので $b^2(m^2+4)$ は平方数である. よって, ある正の整数 m' が存在し, $(m')^2 = m^2 + 4$, すなわち $(m'-m)(m'+m) = 4$ となるので, $m = 0$, $m' = 2$ であるとわかる. よって $f(k+1,l) = f(k,l+1)$ がつねに成立し, $f(k,l)$ は $k+l$ の値のみに依存することがわかる.

ここで, 任意の正の整数 i に対して

$$f(i,1) = f(i-1,2) = \cdots = f(1,i)$$

112 第 2 部 日本数学オリンピック 本選

であり，i 個の値が等しいから条件よりこれらはすべて i 以上である．よって，正の整数 n について $f(k,l) \leqq n$ ならば $k+l \leqq n+1$ が成立する．$k+l \leqq n+1$ なる (k,l) の個数は $\dfrac{n(n+1)}{2}$ であり，また条件より $f(k,l) \leqq n$ なる (k,l) の個数も $\dfrac{n(n+1)}{2}$ であるから，両者は一致する．したがって，$f(k,l) \leqq n$ であることと $k+l \leqq n+1$ であることは同値である．$n=1$ の場合から $f(1,1)=1$ は明らかで，また $n \geqq 2$ について，n の場合と $n-1$ の場合を比べれば $f(k,l) = k+l-1$ が任意の (k,l) についてわかる．またこのとき $C_0 = C_1 = \cdots = C_T = T$ であり，はじめに挙げたものが唯一の解であることが示された．

第3部

アジア太平洋数学オリンピック

3.1 第30回 アジア太平洋数学オリンピック (2018)

● 2018 年 3 月 13 日 [試験時間 4 時間, 5 問]

1. 　　　三角形 ABC がある. 点 H は三角形 ABC の垂心であり, 点 M, N は各々辺 AB, AC の中点である. H は四角形 BMNC の内部にあり, 三角形 BMH, CNH の外接円は互いに接している. H を通り直線 BC に平行な直線が, 三角形 BMH, CNH の外接円とそれぞれ H 以外の点 K, L で交わるとする. 直線 MK と NL の交点を F, 三角形 MHN の内心を J とするとき, FJ = FA を示せ. ただし, XY で線分 XY の長さを表すものとする.

2. 　　　x に対して $f(x), g(x)$ を, 以下のように定義する.

$$f(x) = \frac{1}{x} + \frac{1}{x-2} + \frac{1}{x-4} + \cdots + \frac{1}{x-2018},$$

$$g(x) = \frac{1}{x-1} + \frac{1}{x-3} + \frac{1}{x-5} + \cdots + \frac{1}{x-2017}.$$

このとき, $0 < x < 2018$ をみたす整数でない任意の実数 x について $|f(x) - g(x)| > 2$ が成り立つことを示せ.

3. 　　　平面上にある n 個の正方形の配置は, 次の 3 つの条件をみたすときに **美しい**という.

(i) 正方形はすべて合同である.

(ii) どの 2 つの正方形も頂点以外の共有点をもたない.

(iii) 各正方形はちょうど 3 つの他の正方形と共有点をもつ.

このとき, n 個の正方形からなる美しい配置が存在するような整数 n であって, $2018 \leqq n \leqq 3018$ をみたすようなものはいくつあるか.

3.1. 第 30 回 アジア太平洋数学オリンピック (2018)　115

4.　　正三角形 ABC の頂点 A から三角形の内部に向かって出発する光線を考える．この光線は三角形の各辺で反射の法則に従って，すなわち入射角と反射角が等しくなるように反射する．また，三角形のいずれかの頂点にたどりついたときに停止する．光線が n 回反射して頂点 A で停止したとき，ありうる n の値をすべて求めよ．

5.　　係数がすべて整数である多項式 $P(x)$ で，$P(s), P(t)$ が整数となる任意の実数 s, t に対して $P(st)$ も整数であるようなものをすべて求めよ．

解答

【1】　　点 K は直線 AM に関して N と反対側に，また点 L は直線 AN に関して M と反対側にある．また，K, L はいずれも直線 MN に関して A と反対側にある．したがって，点 F は三角形 AMN の内部に存在する．

いま，点 H は三角形 ABC の垂心であり，また三角形 BMH, CNH の外接円は H で接しているので

$$\angle MHN = \angle MBH + \angle NCH$$

$$= (90° - \angle BAC) + (90° - \angle BAC) = 180° - 2\angle BAC$$

とわかる．

また，直線 MN と KL は平行なので $\angle FMN = \angle MKH = \angle MBH = 90° - \angle BAC$ であり，同様に $\angle FNM = 90° - \angle BAC$ とわかる．したがって FM = FN であり，また $\angle MFN = 2\angle BAC = 2\angle MAN$ から F は三角形 MAN の外心，すなわち FA = FM = FN とわかる．

さらに，$\angle MFN = 2\angle BAC$ より $\angle MHN + \angle MFN = 180°$，すなわち 4 点 M, H, N, F はこの順に同一円周上にあるとわかる．したがって，FM = FN より $\angle MHF = \angle NHF$ となるので，点 J が三角形 MHN の内心であることから，J は線分 HF 上にあるとわかる．これより

∠FMJ = ∠FMN + ∠NMJ = ∠FHN + ∠NMJ = ∠MHJ + ∠HMJ = ∠FJM
が成り立つ．すなわち，FJ = FM とわかるので，FJ = FA と言えた．

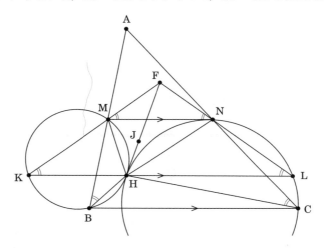

別解． 本解と同様にして，∠MHN = 180° − 2∠BAC とわかる．また，J は三角形 MHN の内心なので ∠MJN = 90° + $\frac{1}{2}$∠MHN = 180° − ∠BAC = 180° − ∠MAN，すなわち 4 点 A, M, J, N はこの順に同一円周上にあるとわかる．この円の中心は解答 1 より F なので，FJ = FA と言えた．

【2】 $n = 1, 2, \cdots, 1009$ に対して，$2n − 1 < x < 2n$ と $2n − 2 < x < 2n − 1$ の 2 つの場合について証明すればよい．ここで，$f(2018 − x) = −f(x), g(2018 − x) = −g(x)$ なので $2n − 1 < x < 2n$ の場合のみ証明すればよい．

$d(x) = g(x) − f(x)$ とする．$0 < x < 2016$ なる整数でない任意の実数 x について，次が成り立つ．

$$d(x+2) − d(x) = \left(\frac{1}{x+1} − \frac{1}{x+2}\right) + \left(\frac{1}{x−2018} − \frac{1}{x−2017}\right) > 0 + 0 > 0.$$

したがって，$1 < x < 2$ なる任意の実数 x について，$d(x) > 2$ を示せばよい．$x < 2$ より，$i = 2, 3, \cdots, 1008$ について $\frac{1}{x−2i−1} > \frac{1}{x−2i}$ が成り立つ．また，$\frac{1}{x−2018} < 0$ なので，$1 < x < 2$ なる任意の実数 x について次を示せばよい．

$$\frac{1}{x-1} + \frac{1}{x-3} - \frac{1}{x} - \frac{1}{x-2} > 2.$$

これは，以下のように変形できる．

$$\frac{1}{(x-1)(2-x)} + \frac{3}{x(x-3)} > 2.$$

ここで，$1 < x < 2$ なる任意の実数 x について $(x-1)(2-x) = -\left(x - \frac{3}{2}\right)^2 + \frac{1}{4} \leqq \frac{1}{4}$, $x(x-3) = \left(x - \frac{3}{2}\right)^2 - \frac{9}{4} < -2$ である．これより，以下のようにして上式が成り立つとわかる．

$$\frac{1}{(x-1)(2-x)} + \frac{3}{x(x-3)} > 4 - \frac{3}{2} > 2.$$

よって $d(x) > 2$ と言えたので，題意は示された．

別解 1. 本解と同様にして，$n = 1, 2, \cdots, 1009$ に対して，$2n - 1 < x < 2n$ なる任意の実数 x について $f(x) - g(x) < -2$ が成り立つことを示せばよいとわかる．

上述のようなすべての n について

$$f(x) - g(x) = \frac{1}{x} + \sum_{m=1}^{1009} \frac{1}{(x-2m)(x-2m+1)}$$

$$= \frac{1}{x} + \sum_{m=1}^{n-1} \frac{1}{(x-2m)(x-2m+1)} + \frac{1}{(x-2n)(x-2n+1)}$$

$$+ \sum_{m=n+1}^{1009} \frac{1}{(2m-x)(2m-1-x)}$$

となる．ただし $n = 1$ のときは $\sum_{m=1}^{n-1} \frac{1}{(x-2m)(x-2m+1)}$ が存在せず，$n = 1009$ のときは $\sum_{m=n+1}^{1009} \frac{1}{(2m-x)(2m-1-x)}$ が存在しないことに注意する．ここで，

$$\sum_{m=1}^{n-1} \frac{1}{(x-2m)(x-2m+1)} \leqq \sum_{m=1}^{n-1} \frac{1}{(2n-1-2m)(2n-2m)}$$

$$= \sum_{i=1}^{n-1} \frac{1}{2i(2i-1)}$$

$$\leqq \sum_{i=1}^{1008}\Big(\frac{1}{2i-1}-\frac{1}{2i}\Big),$$

$$\sum_{m=n+1}^{1009}\frac{1}{(2m-x)(2m-1-x)} \leqq \sum_{m=n+1}^{1009}\frac{1}{(2m-2n+1)(2m-2n)}$$

$$= \sum_{i=1}^{1009-n}\frac{1}{2i(2i+1)}$$

$$\leqq \sum_{i=1}^{1008}\Big(\frac{1}{2i}-\frac{1}{2i+1}\Big)$$

である．また

$$0 > (x-2n)(x-2n+1) = (x-2n+\tfrac{1}{2})^2 - \frac{1}{4} \geqq -\frac{1}{4}$$

なので

$$\frac{1}{(x-2n)(x-2n+1)} \leqq -4$$

とわかる．

以上より，

$$f(x) - g(x) = \frac{1}{x} + \sum_{m=1}^{n-1}\frac{1}{(x-2m)(x-2m+1)} + \frac{1}{(x-2n)(x-2n+1)}$$

$$+ \sum_{m=n+1}^{1009}\frac{1}{(2m-x)(2m-1-x)}$$

$$\leqq \frac{1}{x} + \sum_{i=1}^{1008}\Big(\frac{1}{2i-1}-\frac{1}{2i}\Big) - 4 + \sum_{i=1}^{1008}\Big(\frac{1}{2i}-\frac{1}{2i+1}\Big)$$

$$= \frac{1}{x} + \sum_{i=1}^{1008}\Big(\frac{1}{2i-1}-\frac{1}{2i+1}\Big) - 4$$

$$= \frac{1}{x} + 1 - \frac{1}{2017} - 4$$

$$< 1 + 1 - 4 = -2$$

となって，題意は示された．

別解 2. 本解と同様にして，$n = 0, 1, \cdots, 1008$ に対して，$2n < x < 2n+1$ なる任意の実数 x について $f(x) - g(x) > 2$ を示せばよいことがわかる．

$$f(x) - g(x)$$

$$= \frac{1}{x} - \frac{1}{x-1} + \frac{1}{x-2} - \cdots - \frac{1}{x-2017} + \frac{1}{x-2018}$$

$$= \frac{1}{x} + \sum_{k=1}^{n-1} \left(-\frac{1}{x-2k+1} + \frac{1}{x-2k} \right) - \frac{1}{x-2n+1} + \frac{1}{x-2n}$$

$$- \frac{1}{x-2n-1} + \frac{1}{x-2n-2} + \sum_{k=n+2}^{1009} \left(-\frac{1}{x-2k+1} + \frac{1}{x-2k} \right)$$

となる. ただし, $n = 1$ のときは $\sum_{k=1}^{n-1} \left(-\frac{1}{x-2k+1} + \frac{1}{x-2k} \right)$ が存在せず, また $n = 1008$ のときは $\sum_{k=n+2}^{1009} \left(-\frac{1}{x-2k+1} + \frac{1}{x-2k} \right)$ が存在しないことに注意する.

ここで, $2n < x < 2n+1$ なる任意の実数 x および $k = 1, 2, \cdots, n-1, n+2, \cdots, 1009$ について

$$-\frac{1}{x-2k+1} + \frac{1}{x-2k} = \frac{1}{(x-2k+1)(x-2k)} > 0$$

となる. また, 相加・相乗平均の不等式を用いて

$$\frac{1}{x-2n} - \frac{1}{x-2n-1} = \frac{1}{(x-2n)(2n+1-x)} \geq \left(\frac{2}{x-2n+2n+1-x} \right)^2 = 4$$

とわかる.

したがって, $n = 0$ および $0 < x < 1$ なる任意の実数 x については $f(x) - g(x) > 4 + \frac{1}{x-2} > 4 - 1 = 3$ となり, また $n = 1, 2, \cdots, 1008$ なるすべての整数 n および $2n < x < 2n+1$ なる任意の実数 x について

$$f(x) - g(x)$$

$$= \frac{1}{x} + \sum_{k=1}^{n-1} \left(-\frac{1}{x-2k+1} + \frac{1}{x-2k} \right) - \frac{1}{x-2n+1} + \frac{1}{x-2n}$$

$$- \frac{1}{x-2n-1} + \frac{1}{x-2n-2} + \sum_{k=n+2}^{1009} \left(-\frac{1}{x-2k+1} + \frac{1}{x-2k} \right)$$

$$> \frac{1}{x} - \frac{1}{x-2n+1} + 4 + \frac{1}{x-2n-2}$$

$$= \frac{1}{x} - \frac{1}{x-2n+1} + 4 - \frac{1}{2n+2-x}$$
$$> \frac{1}{x} - \frac{1}{2n-2n+1} + 4 - \frac{1}{2n+2-2n-1}$$
$$= 2 + \frac{1}{x} > 2$$

とわかる．以上より題意は示された．

【3】 答は 501 であることを示す．そのために，n が奇数ならば n 個の正方形からなる美しい配置は存在せず，$n \geq 38$ をみたす任意の偶数 n については n 個の正方形からなる美しい配置が存在することを示す．

ここで，相異なる正方形 A, B について，A と B が点を共有するとき $A \sim B$ と表すことにする．美しい配置において $X \sim Y$ が成り立つような相異なる正方形 X, Y の組の数は，正方形は n 個あることと条件 (iii) を用いて $3n$ であるとわかる．また，$A \sim B$ と $B \sim A$ は同値であることから，このような組の数は偶数であるため n は偶数である．

以下，$n \geq 38$ をみたす偶数 n について美しい配置を構成していく．

構成 1

以下に示した 2 種類の配置を組み合わせる．どちらについても，両端の正方

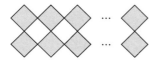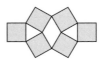

形については他の 2 つの正方形と共有点をもっていて，それ以外の正方形については他の 3 つの正方形と共有点をもっていることに注意する．また，左の配置については左右方向にはいくつでも正方形を並べることができる．

これらを次のように組み合わせると，$n \geq 38$ をみたす任意の偶数 n について n 個の正方形からなる美しい配置が存在することがわかる．

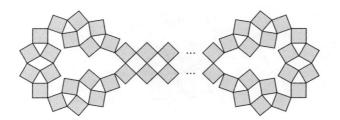

構成 2

正 $4k$ 角形 $A_1A_2\cdots A_{4k}$ を考える．この各辺について，その辺を共有する正方形を正 $4k$ 角形の外側に作る．そして，$0 \leqq m \leqq k-1$ なる各整数 m に対して，辺 $A_{4m+2}A_{4m+3}$ を共有する正方形と $A_{4m+3}A_{4m+4}$ を共有する正方形について，直線 $A_{4m+2}A_{4m+4}$ に関してそれぞれと対称な正方形を作る．$k \geqq 4$ ならば，こうして得られた $2k$ 個の正方形は互いに交わらないので，条件を満たす．これにより，$n = 6k$ の場合について，美しい配置が得られた．

以下は，このようにして得られる配置を $k = 6$ の場合について示したものである．

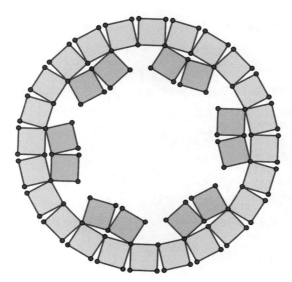

ここで以下のような正方形の配置 K を考える.

上で得られた $n = 6k$ における美しい配置を,直線 A_1A_{2n} によって分割する.こうして得られた正方形の配置どうしを,上の K を用いて接続する.すなわち,もともと頂点 A_1 であった2つの頂点を K の X, Y に一致させる.同様に,もともと頂点 A_{2n} であった2つの頂点を,K を用いて接続する.こうして,$n = 6n + 8$ なる美しい配置が得られる.

また,上述の接合を,K によってではなく,2つの K の一方の頂点 X ともう一方の Y を一致させて得られる正方形 8 個の配置によって行うことで,$n = 6n + 16$ における美しい配置が得られる.

以上より,$n \geqq 38$ をみたす任意の偶数 n について n 個の正方形からなる美しい配置が得られた.

【4】 正三角形 ABC の一辺の長さを 1 とする.正の整数 M に対して半直線 AB, AC 上に点 A_1, A_2 を $AA_1 = AA_2 = M$ となるようにとる.$a + b \leqq M$ をみたす非負整数 a, b に対して (a, b) によって $\overrightarrow{AP} = a\overrightarrow{AB} + b\overrightarrow{AC}$ をみたす点 P を表す.そのように書ける点全体の集合を S とおき,正三角形 AA_1A_2 を頂点すべてが S に含まれる点であるような一辺 1 の正三角形で分割する.図に $M = 8$ のときを示した.このとき現れるすべての一辺 1 の正三角形は,正三角形 ABC から辺に関する対称移動を繰り返して得られる.

S の要素 $(a, b), (a', b')$ を考える.点 (a, b) をそれを頂点とする一辺 1 の正三角形の辺で対称移動して点 (a', b') に移したとき,$a - b \equiv a' - b' \pmod{3}$ が成立する.逆に $a - b \equiv a' - b' \pmod{3}$ が成立するとき一辺 1 の正三角形の辺に関する対称移動によって点 (a, b) を点 (a', b') に移すことができることが帰納法によって従う.特に点 (a, b) が $A = (0, 0)$ を一辺 1 の正三角形の辺に関する対称移動を繰り返して得られることは $a \equiv b \pmod{3}$ と同値である.そのような点全体の集合を V とおく.図において塗られている点が V の要素である.

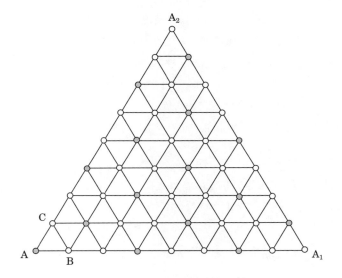

S の要素 $P = (a, b) \neq \mathrm{A}$ であって A と P を結ぶ線分が他の S の要素を通らないもの全体からなる集合を U とおく. S の要素 $P' = (a', b') \neq \mathrm{A}$ が直線 AP 上にあることは $ab' = a'b$ と同値であるから, P が U の要素であることは a と b が互いに素であることと同値である.

A を出発して A で停止する光線は M を十分大きく取ったとき $U \cap V$ の要素と対応している. その要素を $\mathrm{P} = (a, b)$ とおくと $\mathrm{A} = (0, 0)$ と P を結ぶ線分は端点以外で AB と平行な辺と $b - 1$ 回, AC と平行な辺と $a - 1$ 回, BC と平行な辺と $a + b - 1$ 回交わる. つまりこの光線は合計 $2(a + b) - 3$ 回反射して A に戻ってくる. したがって, $a \equiv b \pmod{3}$ をみたす互いに素な非負整数 a, b を用いて $n = 2(a + b) - 3$ と書けるような正の整数 n を求めればよい.

$a \equiv b \pmod{3}$ をみたす互いに素な非負整数の組 (a, b) を用いて n が $2(a + b) - 3$ と書けているとする. a と b は互いに素であるからともに 3 の倍数となりえない. $a \equiv b \pmod{3}$ であるから $a + b \equiv 2a \equiv 1, 2 \pmod{3}$ である. 特に $n = 2(a + b) - 3 \equiv 1, 5 \pmod{6}$ である. k を非負整数として $(a, b) = (1, 3k + 1)$ とおくことで $n = 6k + 1$ と書ける場合が, $(a, b) = (3k + 2, 3k + 5)$ とおくことで $n = 12k + 11$ と書ける場合が, $(a, b) = (6k + 5, 6k + 11)$ とおくことで $n = $

124　第 3 部　アジア太平洋数学オリンピック

$24k + 29$ と書ける場合が，$(a, b) = (6k + 5, 6k + 17)$ とおくことで $n = 24k + 41$ と書ける場合が，それぞれ実現できることがわかる．次に $n = 5, 17$ のときに条件をみたす組 (a, b) が存在しないことを示す．これは $a \equiv b \pmod{3}$ である非負整数の組 (a, b) で $2(a + b) - 3 = 5, 17$ をみたすものは $(2, 2)$，$(2, 8)$，$(5, 5)$，$(8, 2)$ とどれも互いに素でないことから従う．以上より，$n \equiv 1, 5 \pmod{6}$ をみたす正の整数 n のうち $5, 17$ を除くものが求める値となる．

【5】　$P(x)$ が定数であるとき条件をみたす．以降，$P(x)$ は定数でないとする．$P(x)$ が条件をみたすとき，任意の整数 k に対して $P(x) + k$，$-P(x) + k$ も条件をみたすので，正の整数 n と整数 $a_n, \cdots, a_1$ を用いて $P(x) = a_n x^n + \cdots + a_1 x$，$a_n > 0$ と書けるとしてよい．このとき $P(x) = x^n$ を示す．

$p > \sum_{i=1}^{n} |a_i| \geqq P(1)$ をみたす素数 p をとる．$P(x)$ の最高次の係数は正であり，十分大きい実数 x に対して $P(x) > p$ が成立するので，中間値の定理から $P(u) = p$ をみたす実数 u がとれる．$P(x) - p$ と $P(2x) - P(2u)$ の最大公約多項式を $f(x)$ と書く．条件から $P(2u)$ は整数なので $f(x)$ は有理数係数である．$P(0) = 0$ から $f(0) \neq 0$ であり，また $f(u) = 0$ であるから $f(x)$ は定数でない．

$P(x) - p = f(x)g(x)$ と書く．ここでガウスの補題から，それぞれ $f(x)$, $g(x)$ の定数倍である多項式 $F(x)$, $G(x)$ で，$P(x) - p = F(x)G(x)$ をみたし，係数が整数であるものがとれる．このとき $F(0)G(0) = P(0) - p = -p$ から $F(0)$, $G(0)$ のどちらかは ± 1 である．それを $H(x)$ とおく．$H(x)$ の係数は整数なので最高次の係数の絶対値は 1 以上である．よって解と係数の関係により，$H(x)$ が定数でなければ $H(x)$ の実数とは限らない根 z で絶対値が 1 以下のものが存在する．z は $P(x) - p$ の根でもあるが，三角不等式から

$$p = P(z) = \left| \sum_{i=1}^{n} a_i z^i \right| \leqq \sum_{i=1}^{n} |a_i z^i| \leqq \sum_{i=1}^{n} |a_i| < p$$

となり矛盾する．よって $H(x)$ は定数であり，$P(x)$ は定数でなかったので $H(x) = G(x)$ となる．特に $f(x)$ は $P(x) - p$ の定数倍である．

$f(x)$ は次数の等しい多項式 $P(x) - p$ と $P(2x) - P(2u)$ の最大公約多項式であったから，$P(2x) - P(2u)$ は $P(x) - p$ の定数倍である．最高次の係数を比

べることで $P(2x) - P(2u) = 2^n(P(x) - p)$ がわかり，さらに他の次数の係数を比べて $P(x) = a_n x^n$ を得る．$s = t = \sqrt[n]{1/a_n}$ に対して条件を適用することで $a_n = 1$ を得る．$P(x) = x^n$ のとき条件をみたすので，求める解は $P(x) = k, x^n + k, -x^n + k$ である．ここで $n > 0$ および k は任意の整数とした．

第4部

ヨーロッパ女子数学オリンピック

4.1 第7回 ヨーロッパ女子数学オリンピック 日本代表一次選抜試験 (2018)

● 2017 年 11 月 19 日 [試験時間 4 時間, 4 問]

1. 整数からなる数列 $a_1, a_2, \cdots$ が

$$a_{n+2}{}^2 + a_{n+1}a_n \leqq a_{n+2}(a_{n+1} + a_n) \qquad (n = 1, 2, \cdots)$$

をみたすとき, ある正の整数 N が存在し, $n \geqq N$ であれば $a_{n+2} = a_n$ が成り立つことを示せ.

2. $n \times n$ のマス目に, いくつかのドミノを重ならないようにマス目にそって置く. ここで, **ドミノ**とは, 2×1 または 1×2 のタイルのことである. ドミノの置かれないマスを**空マス**とよぶことにする. どのドミノも, 覆っている 2 つのマスのうちのどちらかは, 空マスと辺を共有して隣りあうようにするとき, 置くことのできるドミノの個数としてありうる最大の値はいくつか. n の値が次の場合にそれぞれ答えなさい.

  (a) $n = 9$.

  (b) $n = 8$.

3. 正三角形 ABC の内部に点 P, 辺 BC 上に点 Q があり, PB = PQ = QC, $\angle$PBC $= 20°$ をみたしている. このとき, $\angle$AQP の大きさを求めよ. ただし, XY で線分 XY の長さを表すものとする.

4. 正の整数の組 (a, n, k) であって,

$$a^n - 1 = \frac{a^k - 1}{2^k}$$

をみたすものをすべて求めよ.

解答

【1】 与えられた不等式は,

$$(a_{n+2} - a_{n+1})(a_{n+2} - a_n) \leqq 0$$

と変形できるので,各正の整数 n について,$a_n \leqq a_{n+2} \leqq a_{n+1}$ または $a_{n+1} \leqq a_{n+2} \leqq a_n$ が成り立つ.ここで $d_n = |a_{n+1} - a_n|$ とおくと,いずれの場合においても $d_{n+1} \leqq d_n$ である.つまり,数列 $d_1, d_2, \cdots$ は広義単調減少である.また,$d_{n+1} = d_n$ となるのは $a_{n+2} = a_n$ のときに限られる.数列 $d_1, d_2, \cdots$ は定義より 0 以上の整数からなるので,最小値 m が存在する.よって,$d_N = m$ なる正の整数 N をとると,m の最小性と $d_1, d_2, \cdots$ が広義単調減少であることから,$d_N = d_{N+1} = d_{N+2} = \cdots$ となる.したがって,$n \geqq N$ であれば $a_{n+2} = a_n$ となる.

【2】 空マスの個数を k とおく.ドミノの個数は $\dfrac{n^2 - k}{2}$ であるから,k の最小値を求めればよい.どの空マスについても,そのマスと辺を共有して隣りあうマスを覆うドミノは高々 4 個であるから,$\dfrac{n^2 - k}{2} \leqq 4k$ が成り立つ.これを整理して,$k \geqq \dfrac{n^2}{9}$ を得る.

よって,$n = 9$ の場合は $k \geqq 9$,$n = 8$ の場合は $k \geqq 8$ である.さらに,図のように $n = 9$ の場合は $k = 9$,$n = 8$ の場合は $k = 8$ となるドミノの置き方が存在するので,これらがそれぞれの場合における k の最小値である.よってドミノの個数の最大値は,$n = 9$ の場合は 36 個,$n = 8$ の場合は 28 個となる.

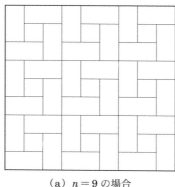
(a) $n=9$ の場合

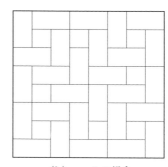
(b) $n=8$ の場合

【3】 三角形 ABC の外部に，三角形 ARB が三角形 AQC と合同になるように点 R をとる．このとき，AQ = AR であり，また ∠CAQ = ∠BAR より ∠QAR = ∠CAB = 60°．これより，三角形 QAR は正三角形とわかる．したがって，∠AQR = 60° である．また，∠PBA = ∠ABC − ∠PBC = 40°，∠ABR = ∠ACQ = 60° より ∠PBR = ∠PBA + ∠ABR = 100° であり，RB = QC = PB であることから ∠BPR = 40° とわかる．PB = PQ より ∠PBQ = ∠PQB = 20° であり，したがって ∠BPR = ∠PBQ + ∠PQB となるので，3 点 R, P, Q はこの順に一直線上にあるといえる．よって，∠AQP = ∠AQR = 60° とわかる．

【4】 $a = 1$ のときは，n, k がどのような正の整数であっても両辺ともに 0 になり与式が成立する．また $a = 2$ とすると右辺の分子が奇数になるので，左辺が整数であることに矛盾する．以下 $a > 2$ とする．

$$\frac{a^k - 1}{a^n - 1} = 2^k$$

より，$a^n - 1$ が $a^k - 1$ を割りきる．また，$a^n - 1 < a^k - 1$ より，$n < k$ である．整数 s, r を $k = sn + r, s \geqq 1, 0 \leqq r < n$ をみたすようにとれる．

$$a^k - 1 = a^{sn+r} - 1 = (a^{sn+r} - a^r) + (a^r - 1) = a^r(a^{sn} - 1) + (a^r - 1)$$

$a^{sn} - 1 = (a^n - 1)(a^{(s-1)n} + a^{(s-2)n} + \cdots + 1)$ より，$a^{sn} - 1$ は $a^n - 1$ で割りきれるので，$a^r - 1$ は $a^n - 1$ で割りきれる．$a^n - 1 > a^r - 1$ より $a^r - 1 = 0$，

つまり $r = 0$ とわかる．よって $k = sn$ とかけるが，$n < k$ なので，$s \geqq 2$ とわかる．このとき，

$$2^{sn} = \frac{a^{sn} - 1}{a^n - 1} > \frac{a^{sn} - a^{(s-1)n}}{a^n - 1} = a^{(s-1)n}$$

より，$2^s > a^{s-1}$ である．$a \geqq 4$ とすると，$2^s > a^{s-1} \geqq 4^{s-1} = 2^{2s-2}$ より $s > 2s - 2$ となるが，これは $s \geqq 2$ と矛盾する．よって $a = 3$ とわかる．このとき $2^s > 3^{s-1}$ となる．この式を整理すると $3 > \left(\frac{3}{2}\right)^s$ となるので，$s \geqq 3$ とすると $\left(\frac{3}{2}\right)^s \geqq \left(\frac{3}{2}\right)^3 = \frac{27}{8} > 3$ より矛盾する．よって $s = 2$ であり，$2^{2n} = \frac{3^{2n} - 1}{3^n - 1}$，すなわち $4^n = 3^n + 1$ がわかる．$n \geqq 2$ とすると，$4^n > 4 \cdot 3^{n-1} = 3^n + 3^{n-1} > 3^n + 1$ より矛盾する．よって $n = 1$ となる．このとき，$(a, n, k) = (3, 1, 2)$ であり，これは与式をみたす．

　以上より，解は $a = 1$ かつ n, k は任意の正の整数，および $(a, n, k) = (3, 1, 2)$ となる．

4.2 第7回 ヨーロッパ女子数学オリンピック (2018)

━━━

● 2018 年 4 月 11, 12 日 [試験時間 4 時間, 7 問]

1. 三角形 ABC は CA = CB, ∠ACB = 120° をみたすとし, 辺 AB の中点を M とおく. P を三角形 ABC の外接円上を動く点とし, Q を QP = 2QC をみたす線分 CP 上の点とする. P を通り AB と垂直な直線が直線 MQ と唯一の点 N で交わるとする.

このときある円が存在し, どのように P を動かしても, N がその円上に存在することを示せ.

2. 次の集合を考える:

$$A = \left\{ 1 + \frac{1}{k} \ \middle| \ k = 1, 2, 3, \cdots \right\}.$$

(a) 各 2 以上の整数 x は, 必ずしも異なるとは限らない 1 個以上の A の元の積で表せることを示せ.

(b) 各 2 以上の整数 x について, x を必ずしも異なるとは限らない 1 個以上の A の元の積で表すとき, 必要な元の個数の最小値を $f(x)$ とおく.

整数の組 (x, y) であり, $x \geqq 2$, $y \geqq 2$, および

$$f(xy) < f(x) + f(y)$$

をみたすものが無数に存在することを示せ.

(ただし, (x_1, y_1) と (x_2, y_2) は, $x_1 \neq x_2$ または $y_1 \neq y_2$ のとき異なる組と考える.)

4.2. 第 7 回 ヨーロッパ女子数学オリンピック (2018)   133

(注意) 最後の注意書きは, 出題時は以下の通りであったが, これは誤り
である.

(ただし, (x_1, y_1) と (x_2, y_2) は, $x_1 \neq y_1$ または $x_2 \neq y_2$ のとき異なる組
と考える.)

3.　　$C_1, \cdots, C_n$ を n 人の EGMO の選手とする. コンテストの後, 彼女た
ちは次のルールに基づいてレストランの前に一列に並ぶ:

- 料理長は最初の選手の並び順を指定する.

- 料理長は 1 分おきに $1 \leqq i \leqq n$ をみたす整数 i を選ぶ.

  - 選手 C_i よりも前に i 人以上の選手がいるとき, 選手 C_i は 1 ユー
    ロを料理長に支払い, 直前の i 人を抜かして割り込む.

  - 選手 C_i よりも前にいる選手が i 人未満であるとき, レストラン
    が開きこの手順が終了する.

(a) 料理長がいかなる選択をしても, この手順が無限回行われることは
ないことを示せ.

(b) 各 n について, 料理長が得られる最大の金額を求めよ.

4.　　1×2 または 2×1 のタイルを**ドミノ**とよぶ.

n を 3 以上の整数とする. $n \times n$ のマス目にそれぞれのドミノがちょう
ど 2 つのマスを覆い, 互いに重ならないようにドミノを配置する.

それぞれの行および列に対してその**価値**を, その行や列のマスを少な
くとも 1 つ覆っているドミノの個数とする. ある正の整数 k が存在して,
どの行および列の価値も k であるとき, この配置は**均等**であるという.

任意の n について均等な配置が存在することを示し, 均等な配置で用
いられるドミノの個数としてありうる最小の値を求めよ.

5.　　Γ を三角形 ABC の外接円とする. 円 Ω は辺 AB に接しており, 直線
AB に関して C と同じ側にある点で Γ に接している. ∠BCA の二等分線

が Ω と異なる 2 点 P, Q で交わっているとする.

このとき, $\angle ABP = \angle QBC$ であることを示せ.

6. (a) $0 < t < \dfrac{1}{2}$ をみたす任意の実数 t について, 以下の条件をみたすような正の整数 n が存在することを示せ:n 個の正の整数からなる任意の集合 S について, S の異なる 2 つの元 x, y と**非負**整数 m (すなわち $m \geqq 0$) が存在して,

$$|x - my| \leqq ty$$

となる.

(b) $0 < t < \dfrac{1}{2}$ をみたす各実数 t について, 無限個の正の整数からなる集合 S であって, S の任意の異なる元 x, y および任意の**正の**整数 m (すなわち $m > 0$) が

$$|x - my| > ty$$

をみたすようなものが存在するかを決定せよ.

解答

【1】 $\overrightarrow{PN}, \overrightarrow{MC}$ はともに $\overrightarrow{AB}$ と垂直であるから, $\overrightarrow{PN} \mathbin{/\!/} \overrightarrow{MC}$. これと, QP : QC = 2 : 1 より, $\overrightarrow{PN} = 2\overrightarrow{MC}$. ここで, $2\overrightarrow{MC}$ は P によらず一定のベクトルである. N の軌跡は, P が動く範囲である三角形 ABC の外接円を $2\overrightarrow{MC}$ だけ平行移動させたものであるから, やはり円である (正確には問題で除外されている点があるのでその一部).

[コメント] QP : QC = 2 : 1 という比と 120° には特別な意味はなく, これらを変えても問題は成り立つので, そのことに気がついた人は, かえって問題を誤読していないかと不安になるかもしれない. しいて言えば, 2 : 1, 120° の場合には, N の軌跡が, C を中心とし三角形 ABC の外心を通る円になるが, 円

4.2. 第 7 回 ヨーロッパ女子数学オリンピック (2018)　135

であることだけを示せばよいので，解答でこれらに言及する必要はない．また，
円は登場するが，円の性質 (円周角の定理など) は使わない問題.

【2】　　$a_k = 1 + \dfrac{1}{k} = \dfrac{k+1}{k}$ $(k = 1, 2, \cdots)$ とおく．$A = \{a_1, a_2, \cdots\}$ である．

(a) 具体的に，以下のように表される．

$$x = \frac{2}{1} \cdot \frac{3}{2} \cdots \frac{x}{x-1} = a_1 a_2 \cdots a_x.$$

(b) $a_1 > a_2 > a_3 > \cdots$ に注意する．このことから，l 個以下の A の元の積は 2^l 以下である．よって，正の整数 l に対し，$x > 2^l$ であれば，$f(x) \geqq l + 1$ である．特に，$x = 2^l + 1$ の場合，$x = 2^l \cdot \dfrac{2^l + 1}{2^l} = a_1^l a_{2^l}$ より，$f(2^l + 1) = l + 1$ である．

m を正の整数とする．$n = 4m + 2 \ (\geqq 6)$ とおく．$x = \dfrac{2^n + 1}{5}, y = 5$ のとき $f(xy) < f(x) + f(y)$ であることを示す．まず，$2^4 \equiv 1 \pmod 5$ より，$2^n + 1 \equiv 2^2 + 1 \equiv 0 \pmod 5$ であり，確かに x は (2 以上の) 正の整数である．先に述べたことから，$f(5) = f(2^2 + 1) = 3$, $f(2^n + 1) = n + 1$ である．よって，$f(x) \geqq n - 1$, すなわち x が $n - 2$ 個以下の A の元の積で表されないことを示せば十分である．

x が $n - 2$ 個以下の A の元の積で表されると仮定する．x は奇数であるから，$a_1 = 2$ 以外の元を 1 個以上使う必要がある．よって，

$$x \leqq a_1^{n-3} a_2 = 2^{n-3} \cdot \frac{3}{2} = \frac{3}{16} \cdot 2^n$$

でなければならないが，$x > \dfrac{1}{5} \cdot 2^n > \dfrac{3}{16} \cdot 2^n$ より矛盾．よって，$f(x) \geqq n - 1$ である．

[コメント]　(a) はサービス問題だが，(b) で f という関数がきちんと定義できることを保証している．(b) では，$f(xy) \leqq f(x) + f(y)$ は明らか．これは，x, y をそれぞれ A の元の積で表したとき，それら全部を掛ければ xy になることからわかる．なので，これよりも xy が少ない個数の積で表されるような状況を探しなさいという問題．(b) の具体例構成はいろいろなものがあり，xy が

136 第4部 ヨーロッパ女子数学オリンピック

$2^n + 1$ の形になるものでも何通りか知られている.

【3】　(b) のみの解答を与えればよい. C_i が直前の i 人を抜かして割り込む操作を, ジャンプとよぶ. どの C_i についても, ジャンプする際には, 自分より番号の大きい選手 $C_{i+1}, \cdots, C_n$ のうち, 少なくとも 1 人を抜かす必要がある. 特に, C_n はジャンプすることができない. そこで, C_i がジャンプする回数を a_i, C_i が C_j を抜かす回数 $(i < j)$ を $f(i,j)$ とおくと,

$$a_i \leqq \sum_{j=i+1}^{n} f(i,j) \quad (1 \leqq i \leqq n-1), \qquad a_n = 0$$

となる. C_i が C_j を抜かすと $(i < j)$, 次に C_i が C_j を抜かすまでに, C_j が C_i を抜かす必要がある. C_j が C_i を抜かすのは, a_j 回以下であるから, $f(i,j) \leqq a_j + 1$ $(1 \leqq i < j \leqq n)$. 以上から,

$$a_i \leqq \sum_{j=i+1}^{n} (a_j + 1) \quad (1 \leqq i \leqq n-1), \qquad a_n = 0$$

であり, ここから, $i = n, n-1, \cdots, 1$ の順に $a_i \leqq 2^{n-i} - 1$ を得る. $a_1 + a_2 + \cdots + a_n \leqq 2^n - n - 1$ より, 料理長が集められるのは $2^n - n - 1$ ユーロ以下である.

　$2^n - n - 1$ ユーロ集められることを示す. より具体的に, $C_n, \cdots, C_1$ の順から始めて, $2^n - n - 1$ 回のジャンプを行って, $C_1, \cdots, C_n$ の順にする方法があることを示す. n についての帰納法を用いる. $n = 1$ の場合は明らかであるから, $n \geqq 2$ とする. 以下のような手順を考える. (*) においては, C_n 以外の $n-1$ 人に対し, 帰納法の仮定から $2^{n-1} - n - 2$ 回の操作を行っている. (**) では, $C_1, \cdots, C_{n-1}$ の $n-1$ 人が 1 回ずつ順にジャンプを行っている.

$$C_n, C_{n-1}, \cdots, C_1 \underset{(*)}{\longrightarrow} C_n, C_1, \cdots, C_{n-1} \underset{(**)}{\longrightarrow} C_{n-1}, \cdots, C_1, C_n \underset{(*)}{\longrightarrow} C_1, \cdots,$$

$$C_{n-1}, C_n$$

ジャンプの回数は, 確かに $2(2^{n-1} - n - 2) + (n-1) = 2^n - n - 1$ となっている.

　[コメント]　今年の問題の中で特に難しい問題だった. (a) のみに対する解答については, 他にも方針がある.

【4】 行と列をまとめて**ライン**とよぶ．マス目に置かれるタイルの枚数を m とおく．

各ラインの価値が k であるよな均等な配置が存在したと仮定する．ラインおよび，そのライン上のドミノ (1 個以上のマスを覆うドミノ) の組の個数に着目する．この値は，どのラインの価値も k であることから $k \cdot 2n$ と表されるが，どのドミノもちょうど 3 つのライン上にあることから，$3m$ とも表される．したがって，

$$k \cdot 2n = 3m$$

である．求めるのは m の最小値であるが，かわりに k の最小値を考えればよい．n が 3 の倍数でないとき，上の式から k は 3 で割り切れ，$k \geqq 3$ である．したがって，

(1) n が 3 の倍数のとき，$k = 1$ となる均等な配置が存在すること，

(2) n が 3 の倍数でないとき，$k = 3$ となる均等な配置が存在すること

の 2 つを示せば，それぞれ k の最小値が 1, 3 と決まる．

(1) $n = 3$ のとき，次の左図のような構成がある．一般の 3 の倍数 n については，$n = 3$ のときの構成を右図のように対角線上に並べればよい．

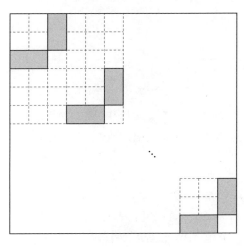

(2) より強く，3 の倍数も含めてすべての $n \geq 4$ に対し，$k=3$ の均等な配置があることを帰納法により示す．まず，以下のように $n=4,5,6,7$ の場合は，配置が存在する．

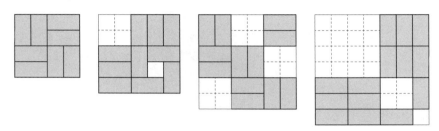

$n \geq 8$ とする．$n-4$ の場合に配置が存在すると仮定する．図のように $n-4$ と 4 の場合の配置を組み合わせればよい．

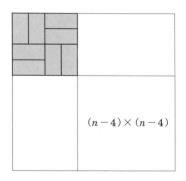

以上より，k の最小値が求まり，ドミノの枚数 m の最小値は，n が 3 の倍数のとき $\dfrac{2n}{3}$，n が 3 の倍数でないとき $2n$ であることが示された．

[コメント] 同じ値を 2 通りの方法で数える，小さい場合の構成を利用して大きい場合の構成を作るなど，他の問題でもよく使われる手法が使われている教育的な問題．

【5】 $\angle C$ の二等分線は，弧 AB (C を含まない方) の中点 M を通る．Ω と Γ の接点を T とおく．T を中心とした拡大変換 f で Ω を Γ に移すものがある．f により，直線 AB が直線 l に移るとする．l は AB と平行で，Γ に接するが，

位置関係から，その接点は M となる．Ω と辺 AB の接点を U とおくと，f により U は M に移るので，T, U, M は同一直線上にある．

$\theta = \dfrac{1}{2}\angle$C とおく．方べきの定理より MP·MQ = MT·MU である．$\angle$MTB $= \theta = \angle$MBA $= \angle$MBU（円周角の定理を用いた）より，三角形 MTB, MBU は相似であり，MT·MU $=$ MB^2．よって，MP·MQ $=$ MB^2 であり，三角形 MBP, MQB は相似である．したがって，$\angle$MBP $= \angle$MQB である．ここで，$\angle$MBP $= \angle$ABP $+ \angle$MBA $= \angle$ABP $+ \theta$, $\angle$MQB $= \angle$QBC $+ \angle$MCB $= \angle$QBC $+ \theta$ であるから，$\angle$ABP $= \angle$QBC となる．

[コメント] 互いに接する 2 つの円は，接点を中心とする拡大変換で移りあう．この拡大変換に注目する問題は，最近の EGMO や JMO でも何度か出題されている．外接円と角の二等分線の出てくる問題では，その交点はとるべきである．以降のステップも，いずれも数学オリンピックの幾何の問題では典型的といえる．

【6】 (i) S の元を小さい順に，$a_1 < a_2 < \cdots < a_n$ とおく．

- 与えられた条件に，$m = 1, (x, y) = (a_{i+1}, a_i)$ $(1 \leqq i < n)$ を代入すると，

$$\left| \frac{a_{i+1}}{a_i} - 1 \right| \leqq t \qquad (1 \leqq i < n).$$

- 与えられた条件に，$m = 0, (x, y) = (a_1, a_n)$ を代入すると，

$$\left| \frac{a_1}{a_n} \right| \leqq t.$$

n が十分大きいとき，具体的には $t(1 + t)^{n-1} > 1$ をみたす n に対し，これら n 個の不等式のうちの少なくとも 1 つは成立することを示す．いずれも成立しないと仮定すると，$\dfrac{a_{i+1}}{a_i} > 1$ より，$\dfrac{a_{i+1}}{a_i} > 1 + t$ $(1 \leqq i < n)$，また，$\dfrac{a_1}{a_n} > t$ である．これら n 個の不等式を掛けあわせて，$1 > t(1 + t)^{n-1}$ を得るが，これは矛盾である．

(b) 存在することを示す．任意の $0 < t < \dfrac{1}{2}$ に対して，無限個の正の整数か

140 第 4 部 ヨーロッパ女子数学オリンピック

らなる集合，$S = \{a_1, a_2, \cdots\}$ であり，題意の条件をみたすようなものを構成する．より具体的に，$a_1, a_2, \cdots$ はいずれも奇数であり，どの異なる 2 つも互いに素であり，この順に大きくなるようなものを考える．

まず，a_1 を $t < \dfrac{1}{2} - \dfrac{1}{2a_1}$ をみたす奇数とする (十分大きい奇数をとればよい)．$a_1, \cdots, a_n$ が定まったとき，a_{n+1} を次の条件をみたすようにとる．

- $a_{n+1} \equiv \dfrac{a_i - 1}{2} \pmod{a_i}$ $(1 \leqq i \leqq n)$.

- a_{n+1} は奇数.

- $a_{n+1} > 2a_n$.

$a_1, \cdots, a_n$，および 2 のうちのどの 2 数も互いに素であるから，中国剰余定理より，このような a_{n+1} がとれることがわかる．ここで定義から，a_{n+1} は a_i $(1 \leqq i \leqq n)$ と互いに素である (実際，$2a_{n+1} \equiv -1 \pmod{a_i}$).

こうして定義した S が題意の条件をみたすことを確認する．一般に x を y で割った余りを r とおくと，$|x - my| \geqq \min\{r, y - r\}$ と評価できることに注意する．$(x, y) = (a_i, a_j)$ $(i \neq j)$ の場合を考える．

- $i > j$ の場合．a_i の定め方から，
$$|a_i - ma_j| \geqq \frac{a_j - 1}{2} > ta_j$$
である．最後の不等式は，$\dfrac{a_j - 1}{2a_j} = \dfrac{1}{2} - \dfrac{1}{2a_j} \geqq \dfrac{1}{2} - \dfrac{1}{2a_1} > t$ を用いた．

- $i < j$ の場合．a_j の定め方から $a_i < \dfrac{1}{2}a_j$ なので，
$$|a_i - ma_j| = ma_j - a_i \geqq a_j - a_i > \frac{1}{2}a_j > ta_j$$

以上より，S は題意をみたす集合である．

[コメント]　(a) では，$m = 0$ のときの不等式が，$\dfrac{x}{y}$ が小さければ必然的に成り立ってしまうことを利用する．(b) は，基本的なアイデアは，条件をみたす

ように順に大きい元を追加していくということだけだが，注意すべき点が多く，正確に答案を書くのはやや大変．a_{n+1} を a_i $(1 \leqq i \leqq n)$ で割った余りが $\frac{1}{2}a_i$ ぐらいになるように定めていけばいいが，これは中国剰余定理を引用すればできそうだと気がつけるとよいだろう．

第5部

国際数学オリンピック

5.1 IMO 第55回 南アフリカ大会 (2014)

●第1日目：7月8日 [試験時間 4 時間 30 分]

1. $a_0, a_1, a_2, \cdots$ は正の整数からなる狭義単調増加数列であるとする．このとき，

$$a_n < \frac{a_0 + a_1 + \cdots + a_n}{n} \leqq a_{n+1}$$

をみたす正の整数 n がちょうど 1 つ存在することを示せ．

2. n を 2 以上の整数とする．$n \times n$ のマス目における**平和な配置**とは，どの行と列にもちょうど 1 個の駒があるように n 個の駒が配置されているものをいう．次の条件をみたす正の整数 k の最大値を求めよ：

条件：$n \times n$ のマス目における任意の平和な配置に対し，駒を
一つも含まない $k \times k$ のマス目が存在する．

3.   凸四角形 ABCD は $\angle ABC = \angle CDA = 90°$ をみたしている．A から BD に下ろした垂線の足を H とする．2 点 S, T をそれぞれ辺 AB, AD 上に，H が三角形 SCT の内部に存在するようにとる．

$$\angle CHS - \angle CSB = 90°, \quad \angle THC - \angle DTC = 90°$$

であるとき，直線 BD は三角形 TSH の外接円に接することを示せ．

●第2日目：7月9日 [試験時間 4 時間 30 分]

4.   鋭角三角形 ABC の辺 BC 上に 2 点 P, Q があり，$\angle PAB = \angle BCA$，$\angle CAQ = \angle ABC$ をみたしている．2 点 M, N はそれぞれ直線 AP, AQ 上

の点であり，P は AM の中点，Q は AN の中点である．このとき，直線
BM と CN は三角形 ABC の外接円上で交わることを示せ．

5. ケープタウン銀行は，任意の正の整数 n について額面が $\frac{1}{n}$ の硬貨を発
行している．これらの硬貨を合計金額が $99 + \frac{1}{2}$ を超えないように何枚か
集めた (同じ額面の硬貨が複数枚含まれていてもよい)．このとき，集め
た硬貨を 100 個以下のグループに分割して，各グループに含まれる硬貨
の金額の合計が 1 以下であるようにできることを示せ．

6. 平面上の直線の集合が**一般の位置**にあるとは，その集合に属するどの
2 本の直線も平行ではなく，かつどの 3 本の直線も 1 点で交わらないこ
とをいう．一般の位置にある直線の集合は平面をいくつかの領域に分割
するが，そのうちで面積が有限のものを**有限領域**と呼ぶ．

十分大きなすべての整数 n について，任意の一般の位置にある n 本の
直線の集合から次の条件をみたすように $\sqrt{n}$ 本以上の直線を選ぶことが
できることを示せ．

条件：選ばれた直線を青く塗ったとき，境界がすべて青く塗ら
れているような有限領域が存在しない．

注 $\sqrt{n}$ を $c\sqrt{n}$ (c は定数) に置き換えたうえでこの問題を解いた答案
に対しては，その定数 c の値に応じて得点を与える．

146 第 5 部 国際数学オリンピック

解答

【1】 $n = 1, 2, \cdots$ に対して $d_n = (a_0 + a_1 + \cdots + a_n) - n a_n$ で d_n を定める。問題文中の不等式の最初の不等号が成り立つことは，$d_n > 0$ と同値である。また，

$$na_{n+1} - (a_0 + a_1 + \cdots + a_n)$$

$$= (n+1)a_{n+1} - (a_0 + a_1 + \cdots a_n + a_{n+1}) = -d_{n+1}$$

より，二つ目の不等号が成り立つことは $d_{n+1} \leqq 0$ と同値である。したがって，$d_n > 0 \geqq d_{n+1}$ をみたす $n \geqq 1$ が一意的に存在することを示せばよい。

数列 $\{a_n\}$ が正の整数からなる狭義単調増加列であることに注意する。$d_1 = (a_0 + a_1) - a_1 = a_0 > 0$, また

$$d_{n+1} - d_n = ((a_0 + a_1 + \cdots a_n + a_{n+1}) - (n+1)a_{n+1})$$

$$- ((a_0 + a_1 + \cdots a_n) - n a_n)$$

$$= n(a_n - a_{n+1}) < 0$$

である。したがって d_n は初項が正である狭義単調減少列である。このとき，定義より d_n が整数列であることに注意すると，$d_n > 0 \geqq d_{n+1}$ をみたすような n が一意的に存在するので題意は示された。

【2】 答は $k = [\sqrt{n-1}]$ である（$[x]$ は x 以下の最大の整数を表す）。この値が最大値であることをいうには，以下の 2 つを示せばよい。

(i) 正の整数 l が $n > l^2$ を満たすとき，どの平和な配置にも必ず駒を 1 つも含まない $l \times l$ の正方形がある。

(ii) 正の整数 l が $n \leqq l^2$ を満たすとき，平和な配置でありどの $l \times l$ のマス目にも駒があるようなものがある。

5.1. IMO 第 55 回 南アフリカ大会 (2014)   147

(i) の証明　どの平和な配置にも，最も左の列に駒があるような行があるので，その行を R とおく．R を含む連続する l 行をとり，そこから左のいくつかの列を取り除いた $l^2 \times l$ の部分を考えると，そこには高々 $l-1$ 個の駒しかない．一方で，この $l^2 \times l$ の部分は l 個の $l \times l$ の正方形に分割することができる．したがって，これらの $l \times l$ の正方形の中に駒を 1 つも含まないものがある．

(ii) の証明　平和な配置であり，$l \times l$ の駒を 1 つも含まない正方形がないようなものを構成する．まず，$n = l^2$ の場合を考え，それをもとにより小さい n の場合での構成を与える．

行と列に $0, 1, \cdots, l^2 - 1$ と番号をつける．第 r 行かつ第 c 列にあるマスを (r, c) で表す．駒を $(il + j, jl + i)$ $(i, j = 0, 1, \cdots, l-1)$ と表されるマスに置く．0 以上 $l^2 - 1$ 以下の整数は $il + j$ $(i, j = 0, 1, \cdots, l^2 - 1)$ と一意的に表されることから，各行，各列に 1 個ずつ駒があり，この配置は平和であることが分かる．

次に，任意の $l \times l$ の正方形 A には駒があることを示す．A を含む連続する l 行をとる．最も小さい行番号を $pl + q$ $(0 \leq p, q \leq l-1)$ とおく $(pl + q \leq l^2 - l$ となる)．A のマスのうち駒のあるものの列番号は $ql + p, (q+1)l + p, \cdots, (l-1)l + p, p+1, l + (p+1), \cdots, (q-1)l + (p+1)$ である．これを小さい順に並べると以下のようになる．

$$p+1,\ l + (p+1),\ \cdots,\ (q-1)l + (p+1),$$

$$ql + p,\ (q+1)l + p,\ \cdots,\ (l-1)l + p$$

最初の番号は $l-1$ 以下であり (特に $p = l-1$ であれば，$q = 0$ であり，上のリストは $ql + p = l-1$ から始まる)，最後の番号は $(l-1)l$ 以上である．また，隣合う数字の差は l 以下である．よって，A を含む列の番号は l 個の連続する数字だが，必ず上に挙がっている番号と重複するものがあり，その列の駒は A に含まれる．以上で，$n = l^2$ の場合の配置の構成が得られた．

$n < l^2$ の場合を考える．$l^2 \times l^2$ の正方形に対する上の配置から下の $l^2 - n$ 行と右の $l^2 - n$ 列を取り除いたものを考える．この時点で，どの $l \times l$ の正方形にも駒があるという条件を満たしているが，いくつかの行と列には駒が存在しない可能性がある．そのような行の個数と列の個数は等しいので，それらの間に

148 第5部 国際数学オリンピック

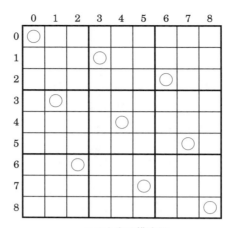

$n = 9$ のときの構成例.

1:1の対応をつくることができ，対応する行と列の交わるマスに駒を配置すればよい．

(i) (ii) から k の最大値は $k = [\sqrt{n-1}]$ である．

【3】 C を通り SC と垂直な直線と直線 AB の交点を Q とする．すると，∠SQC = $90°$ − ∠BSC = $180°$ − ∠SHC であるので，4点 C, H, S, Q は同一円周上である．さらに SQ はこの円の直径であるので，三角形 SHC の外心を K とすると K は直線 AB 上にあることがわかる．同様に三角形 CHT の外心を L とすると，L は直線 AD 上にある．

三角形 SHT の外接円が BD に接することを示すには，HS と HT の垂直二等分線が直線 AH 上で交わることを示せばよい．これら2つの垂直二等分線はそれぞれ ∠AKH, ∠ALH の二等分線となっていることに注意すると，角の二等分線の性質により

$$\frac{AK}{KH} = \frac{AL}{LH}$$

を示せばよいとわかる．

以下で上の式を示す．KL と HC の交点を M とおく．KH = KC, LH = LC なので H, C は KL に関して対称であり，M は HC の中点である．四角形 ABCD

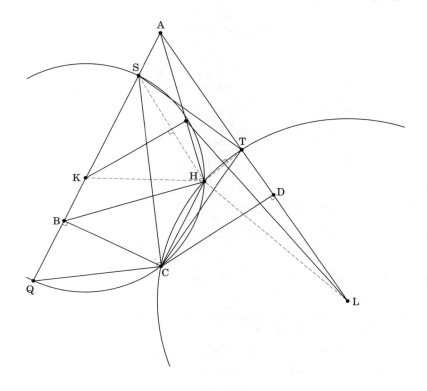

の外接円の中心を O とおくと，O は AC の中点である．よって中点連結定理より OM と AH は平行であるので，OM と BD は垂直である．OB = OD より OM は BD の垂直二等分線なので，BM = DM がわかる．CM と KL は垂直なので，4 点 B, C, M, K は KC を直径とする円の周上にある．同様に L, C, M, D は LC を直径とする円の周上にある．よって正弦定理より，

$$\frac{AK}{AL} = \frac{\sin \angle ALK}{\sin \angle AKL} = \frac{DM}{CL} \cdot \frac{CK}{BM} = \frac{CK}{CL} = \frac{KH}{LH}$$

となる．以上より示された．

別解 ($\dfrac{AK}{KH} = \dfrac{AL}{LH}$ に帰着するところまでは上と同じ)

H$(0,0)$, A$(0,a)$, B$(b,0)$, D$(d,0)$ となる直交座標を考える．AB と BC は直交するので，直線 BC の方程式は $y = -\dfrac{b}{a}(x-b)$ となる．同様に直線 DC の方程

式は $y = -\dfrac{d}{a}(x-d)$ となるので, この 2 直線の交点 C の座標は $\mathrm{C}\left(b+d, \dfrac{bd}{a}\right)$ となる. よって HC の垂直二等分線は $y = -\dfrac{a(b+d)}{bd}\left(x - \dfrac{b+d}{2}\right) + \dfrac{bd}{2a}$ となる. AB の方程式は $y = -\dfrac{a}{b}x + a$ であるので, この 2 直線の交点 K の座標は,
$\mathrm{K}\left(\dfrac{a^2b^2 + a^2d^2 + b^2d^2}{2a^2b}, \dfrac{a^2b^2 - a^2d^2 - b^2d^2}{2ab^2}\right)$ となる. よって,

$$\frac{\mathrm{AK}^2}{\mathrm{KH}^2} = \frac{(a^2b^2 + a^2d^2 + b^2d^2)^2}{a^4b^4 + a^4d^4 + b^4d^4 + 2a^2b^2d^2(b^2+d^2-a^2)}$$

となる. この式は b と d に関して対称な式なので, $\dfrac{\mathrm{AL}^2}{\mathrm{LH}^2}$ の値もこれと等しくなり, $\dfrac{\mathrm{AK}}{\mathrm{KH}} = \dfrac{\mathrm{AL}}{\mathrm{LH}}$ が成り立つ. 以上より示された.

【4】 BM と CN の交点を S とおく. また, $\beta = \angle\mathrm{QAC} = \angle\mathrm{CBA}$, $\gamma = \angle\mathrm{PAB} = \angle\mathrm{ACB}$ とおく. この 2 式より, 三角形 ABP と三角形 CAQ は相似である. よって, $\dfrac{\mathrm{BP}}{\mathrm{PM}} = \dfrac{\mathrm{BP}}{\mathrm{PA}} = \dfrac{\mathrm{AQ}}{\mathrm{QC}} = \dfrac{\mathrm{NQ}}{\mathrm{QC}}$ が成り立つ. さらに $\angle\mathrm{BPM} = \beta + \gamma = \angle\mathrm{CQN}$ であるので, 三角形 BPM と三角形 NQC は相似である. よって $\angle\mathrm{BMP} = \angle\mathrm{NCQ}$ が成り立つので, 三角形 BPM と三角形 BSC も相似である. これより, $\angle\mathrm{CSB} =$

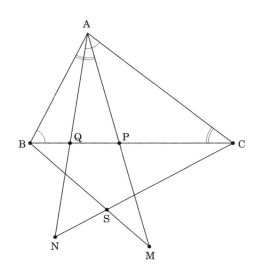

$\angle \mathrm{BPM} = \beta + \gamma = 180° - \angle \mathrm{BAC}$ である．よって，S は三角形 ABC の外接円周上にあり，題意は示された．

【5】　問題を一般化して考える．すなわち，任意の正の整数 N について，総額が $N - \dfrac{1}{2}$ 以下の硬貨の集まりは，N 個以下のグループに分割して，各グループに含まれる硬貨の金額合計が 1 以下にできることを示す．もとの問題は $N = 100$ の場合である．

　いくつかの硬貨の合計金額がある正の整数 k を用いて $\dfrac{1}{k}$ と表せる場合，それらを額面 $\dfrac{1}{k}$ の硬貨に置き換える (置き換えた後で問題の条件を満たす分割が可能であれば，置き換える前でも可能である)．このように，硬貨を置き換えることを**合成**と呼ぶことにする．硬貨の合成により，硬貨の総数は減少するので，可能な限り合成を行うと硬貨の合成ができない状態になる．このとき，各偶数 k について，額面 $\dfrac{1}{k}$ の硬貨は高々 1 枚しかない (そうでないと，額面 $\dfrac{1}{k}$ の硬貨 2 枚を合成できるため)．また，各奇数 $k > 1$ について，額面 $\dfrac{1}{k}$ の硬貨は高々 $k - 1$ 枚しかない (そうでないと 額面 $\dfrac{1}{k}$ の硬貨 k 枚を合成できるため)．

　額面 1 の硬貨はそれ 1 枚で 1 個のグループとするしかない．額面 1 の硬貨が d 枚あるとき，それらを取り除くことで，問題は $N - d$ の場合に帰着される．よって，N についての帰納法を用いることで，額面 1 の硬貨はないと仮定してもよい．

　以上の準備のもとで硬貨の分割を考える．$k = 1, 2, \cdots, N$ について，額面 $\dfrac{1}{2k-1}, \dfrac{1}{2k}$ の硬貨すべてを 1 個のグループ G_k にまとめる．すると確かに，G_k に含まれる硬貨の合計金額は

$$(2k - 2) \cdot \frac{1}{2k-1} + \frac{1}{2k} < 1$$

以下である．残っている硬貨の額面はいずれも $\dfrac{1}{2N}$ より小さいが，これらを順に $G_1, \cdots, G_N$ のいずれかに，各グループに含まれる硬貨の合計金額が 1 を超えないようにしながら加えていくことを考えると，それは常に可能である．実際，すべての硬貨の合計金額は $N - \dfrac{1}{2}$ 以下であったから，必ず硬貨の総額が

$\frac{1}{N}\left(N-\frac{1}{2}\right) = 1 - \frac{1}{2N}$ 以下であるようなグループが存在するからである．このようにして，すべての硬貨を N 個以下のグループに分割し，各グループに含まれる硬貨の金額合計が 1 以下にできた．

【6】 k 本の直線が青く塗られていて，しかも新たに直線を選び青く塗ると必ず条件がみたされなくなる状態を考える．目標は $k \geq \sqrt{n}$ を示すことである．

青く塗られていない直線をすべて赤く塗る．青い直線と青い直線との交点を**青い点**と呼び，それ以外の交点を**赤い点**と呼ぶことにする．青い点の個数は ${}_kC_2$ 個である．

赤い直線 l を考える．l を青く塗ると条件がみたされなくなることから，ある有限領域 A が存在して，A の唯一の赤い辺が l 上にあるとしてよい．A の頂点を時計回りに $r', r, b_1, b_2, \cdots, b_k$ とおく（r, r' は l 上の点）．直線 l に対して赤い点 r と青い点 b_1 の組を対応させる．ここで，赤い点と青い点の組 (r, b) に対応する赤い直線は高々 1 本であることに注意する（r と b が時計回りにこの順に隣り合っている多角形は高々 1 つなので）．

いま，それぞれの青い点 b について対応する赤い直線は高々 2 本であることを背理法で示す．かりに 3 本の赤い直線 l_1, l_2, l_3 が b に対応していたとする．これらの赤い直線に対応する赤い点をそれぞれ r_1, r_2, r_3 とする．点 b は 4 本の半直線を定めるが，対応のつけ方より r_1, r_2, r_3 はそれぞれが乗る半直線上で b

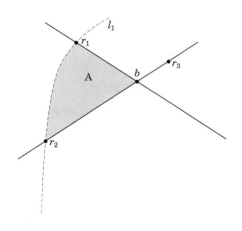

5.1. IMO 第 55 回 南アフリカ大会 (2014)　153

に最も近い点でなければならない. したがって r_2 と r_3 が b を通る同じ青い直線上にあり, r_1 がもう 1 本の b を通る青い直線上にあると仮定して一般性を失わない. l_1 を b と r_1 に対応させるときに用いた有限領域 A を考える. r_1, b, r_2 が A の頂点でありこの順に時計回りに隣り合っていたとして一般性を失わない. A は赤い辺を 1 本しか持たないので, A は三角形 r_1br_2 でなければならない. しかしこのとき, r_2 を l_1, l_2, および b と r_2 を通る青い直線の 3 本が通っていたことになり, 直線が一般の位置にあることに矛盾する.

したがってそれぞれの青い点について対応する赤い直線は高々 2 本であることが示された. 青い点は ${}_k\mathrm{C}_2$ 個であり赤い直線は $n - k$ 本あるので,

$$n - k \leqq 2 \cdot {}_k\mathrm{C}_2$$

これを整理して, $k \geqq \sqrt{n}$ を得る.

別解　すでに何本かの直線が条件をみたすように青く塗られている状態を考える. 青い直線同士の交点を青い点と呼ぶ.

補題　1 本のまだ塗られていない直線 l をとる. l と青い直線の交点のうち, 青い点の隣に存在するものが 1 個以下ならば, l を新たに青く塗っても与えられた条件はみたされる.

補題の証明　l を新たに青く塗ったときに l を含む境界が全て青く塗られているような有限領域ができたとして矛盾を導く. 境界がすべて青く塗られているような有限領域の頂点は, すべて青い点であり, しかも青い点に隣接していなければならない. l と青い直線の交点のうちそのようなものは 1 個以下であると仮定されているが, この領域の頂点のうち直線 l 上にある点は 2 つあるはずである. したがって矛盾.

k 本の直線が青く塗られているとき, 青い点の個数は ${}_k\mathrm{C}_2$ 個なので, 青い点の隣に存在する点は高々 $4 \cdot {}_k\mathrm{C}_2$ 個である. これ以上直線を青く塗れないとすると, 補題よりどの塗られていない直線も青い点の隣の点を 2 個以上通ることから,

$$2(n - k) \leqq 4 {}_k\mathrm{C}_2 \iff k \geqq \sqrt{n}$$

が示される.

5.2 IMO 第56回 タイ大会 (2015)

●第1日目:7月10日 [試験時間4時間30分]

1. 平面上の有限個の点からなる集合 $\mathcal{S}$ について,どの相異なる $\mathcal{S}$ の2つの元 A, B についても $AC = BC$ をみたす $\mathcal{S}$ の元 C が存在するとき,$\mathcal{S}$ は**平衡集合**であるという.また,どの相異なる $\mathcal{S}$ の3つの元 A, B, C についても $PA = PB = PC$ をみたす $\mathcal{S}$ の元 P が存在しないとき,$\mathcal{S}$ は**非中心的**であるという.

(a) 任意の整数 $n \geq 3$ について,n 点からなる平衡集合が存在することを示せ.

(b) n 点からなる非中心的な平衡集合が存在するような整数 $n \geq 3$ をすべて決定せよ.

2. 正の整数の組 (a, b, c) であり,

$$ab - c, \quad bc - a, \quad ca - b$$

がいずれも2のべき乗であるものをすべて求めよ.

ただし,2のべき乗とは,非負整数 n を用いて 2^n と表すことができる整数のことをいう.

3. 鋭角三角形 ABC は AB > AC をみたしている.三角形 ABC の外接円を Γ,垂心を H,A から対辺におろした垂線の足を F とおく.また,辺 BC の中点を M とおく.点 Q を Γ 上の点で $\angle HQA = 90°$ をみたすものとし,点 K を Γ 上の点で $\angle HKQ = 90°$ をみたすものとする.A, B, C,

K, Q は相異なる点であり，この順に Γ 上にあるとする．

このとき，三角形 KQH の外接円と三角形 FKM の外接円は互いに接することを示せ．

●第 2 日目：7 月 11 日 [試験時間 4 時間 30 分]

4. 　　三角形 ABC の外接円を Ω, 外心を O とする．A を中心とする円 Γ が線分 BC と点 D, E で交わっており，B, D, E, C はすべて相異なる点であって，この順に直線 BC 上にあるものとする．Γ と Ω の交点を F, G とする．ただし，A, F, B, C, G はこの順で Ω 上に並んでいるものとする．三角形 BDF の外接円と線分 AB の交点のうち B でない方を K, 三角形 CGE の外接円と線分 CA の交点のうち C でない方を L とおく．

直線 FK, GL が相異なり，点 X で交わるとする．このとき，X は直線 AO 上に存在することを示せ．

5. 　　$\mathbb{R}$ を実数全体からなる集合とする．関数 $f\colon \mathbb{R} \to \mathbb{R}$ であって，任意の実数 x, y に対して

$$f(x + f(x + y)) + f(xy) = x + f(x + y) + yf(x)$$

が成り立つものをすべて求めよ．

6. 　　整数からなる数列 $a_1, a_2, \cdots$ は以下の条件をみたしている：

(i) 任意の $j \geqq 1$ について $1 \leqq a_j \leqq 2015$

(ii) 任意の $1 \leqq k < \ell$ について $k + a_k \neq \ell + a_\ell$

このとき，正の整数 b, N が存在し，$n > m \geqq N$ をみたす任意の整数 m, n に対して

$$\left| \sum_{j=m+1}^{n} (a_j - b) \right| \leqq 1007^2$$

が成り立つことを示せ．

解答

【1】 (a) n 点からなる平衡集合 $\mathcal{S}$ を，n が奇数・偶数のそれぞれの場合に具体的に構成する．

(1) n が奇数の場合

点 $A_1, \cdots, A_n$ をこの順に正 n 角形の頂点をなすようにとると，$\mathcal{S} = \{A_1, \cdots, A_n\}$ は平衡集合となる．実際，どの異なる A_i, A_j についても，n が奇数であることから $2k \equiv i+j \pmod{n}$ なる $k \in \{1, \cdots, n\}$ が存在し，このとき $k-i \equiv j-k \pmod{n}$ すなわち $A_iA_k = A_jA_k$ が成り立つ．

(2) n が偶数の場合

点 $A_1, \cdots, A_{3n-6}$ をこの順に正 $3n-6$ 角形の頂点をなすようにとり，O をその外接円の中心とすると，$\mathcal{S} = \{O, A_1, \cdots, A_{n-1}\}$ は平衡集合となることを示す．どの異なる A_i, A_j についても $A_iO = A_jO$ であるから，各 $1 \leqq i \leqq n-1$ について $OA_j = A_iA_j$ なる $1 \leqq j \leqq n-1$ が存在することを示せばよい．ここで $1 \leqq i \leqq n-1$ について，

$$j = \begin{cases} i + \dfrac{n}{2} - 1 & \left(1 \leqq i \leqq \dfrac{n}{2} - 1 \text{ のとき}\right) \\ i - \left(\dfrac{n}{2} - 1\right) & \left(\dfrac{n}{2} \leqq i \leqq n-1 \text{ のとき}\right) \end{cases}$$

とすれば，$\angle A_iOA_j = 60°$ より OA_iA_j は正三角形であり，確かに $OA_j = A_iA_j$ となる．

(b) n の偶奇で場合分けをして議論する．

(1) n が奇数の場合

$\mathcal{S}$ を (a) のようにとると平衡集合であるが，非中心的でもある．実際，相異なる 3 点 $A, B, C \in \mathcal{S}$ について，$PA = PB = PC$ となるのは，P が正 n 角形 $A_1 \cdots A_n$ の外接円の中心のときのみであり，これは $\mathcal{S}$ に属さない点である．

(2) n が偶数の場合

n 点からなる非中心的な平衡集合 $\mathcal{S}$ が存在すると仮定して矛盾を導く. $\mathcal{S}$ の相異なる 2 つの元からなる組 $\{A, B\}$ (順序は区別しない) を**ペア**とよぶ. ペア $\{A, B\}$ について, $AC = BC$ なる $C \in \mathcal{S}$ をその**中立点**とよぶことにする. ペアは全部で ${}_n\mathrm{C}_2 = \dfrac{n(n-1)}{2}$ 個ある.

$P \in \mathcal{S}$ を 1 つ固定して考える. P がペア $\{A, B\}$ の中立点であるとき, A, B は P とは異なる点である. また, P とは異なる点 $A \in \mathcal{S}$ について, A を含むペアであり, その中立点が P であるものは, 高々 1 つしか存在しない. なぜなら, P がペア $\{A, B\}, \{A, C\}$ $(B \neq C)$ の中立点であるとき, A, B, C は相異なりかつ $PA = PB = PC$ となるので, 非中心的であることに反するからである. 以上より, 各 $P \in \mathcal{S}$ を中立点とするペアは高々 $\left[\dfrac{n-1}{2}\right] = \dfrac{n-2}{2}$ 個しかない (実数 x について x 以下の最大の整数を $[x]$ で表す). ペアの個数は, 各 $P \in \mathcal{S}$ について P を中立点とするペアの個数の和をとったもの以下であるから,

$$\frac{n(n-1)}{2} \leqq n \cdot \frac{n-2}{2}$$

となるが, これは明らかに成立しえない.

(1)(2) より, 答は **3 以上の奇数**である.

【2】　先に a, b, c の中に同じ数がある場合を考え, その後で a, b, c がすべて異なる場合を考える. 以下, 正の整数 x に対して, $v_2(x)$ で x が 2 で割り切れる最大の回数を表すものとする. また, 整数 x が整数 y を割りきることを $x \mid y$ で表す.

Case 1. a, b, c の中に同じ数がある場合

一般性を失わずに $b = c$ としてよい. このとき, $(a-1)b, b^2 - a$ がともに 2 のべき乗である. 前者に注目すると, 非負整数 d, e を用いて, $a = 2^d + 1, b = 2^e$ と表せ, $4^e - 2^d - 1$ は 2 のべき乗となる. $e = 0$ のときこの値が負になって不適だから $e \geqq 1$. 以下, d の値で場合分けをする.

$d = 0$ の場合. $4^e - 2$ は 2 のべき乗かつ $4^e - 2 \equiv 2 \pmod{4}$ であるから, $4^e - 2 = 2$ つまり $e = 1$ で, $(a, b, c) = (2, 2, 2)$ となる.

$d \geqq 1$ の場合. $4^e - 2^d - 1$ は 2 のべき乗かつ奇数であるから, $4^e - 2^d - 1 = $

158　第 5 部　国際数学オリンピック

1 つまり $4^e - 2^d = 2$ である．すると，$2^d \equiv 2 \pmod 4$ より $d = 1$ で，$4^e = 2 + 2^1 = 4$ すなわち $e = 1$ が従い，$(a, b, c) = (3, 2, 2)$ となる．

Case 2. a, b, c がすべて異なる場合

　a, b, c の偶奇で場合分けをする．

Case 2.1. a, b, c がすべて偶数の場合

　一般性を失わずに $1 \leqq v_2(a) \leqq v_2(b) \leqq v_2(c)$ としてよい．

$$v_2(ca) \geqq v_2(c) + 1 > v_2(b) \qquad \therefore\ v_2(ca - b) = v_2(b)$$

$$v_2(bc) \geqq v_2(c) + 1 > v_2(a) \qquad \therefore\ v_2(bc - a) = v_2(a)$$

と，$ca - b$, $bc - a$ が 2 のべき乗であることから，$ca - b \mid b$, $bc - a \mid a$. これと $c \geqq 2$ より，

$$2a - b \leqq ca - b \leqq b \qquad \therefore\ a \leqq b$$

$$2b - a \leqq bc - a \leqq a \qquad \therefore\ b \leqq a$$

すなわち $a = b$ となって矛盾．

　これ以降の場合分けでは，$a < b < c$ と仮定する．非負整数 k, l, m を

$$2^k = ab - c, \quad 2^l = ca - b, \quad 2^m = bc - a$$

となるようにとる．このとき，$k < l < m$ である．

Case 2.2. a, b, c の中に奇数と偶数が両方ある場合

　もし a か b が奇数であれば，$bc - a$ か $ca - b$ は奇数かつ 2 のべき乗，すなわち 1 となるが，$ab - c$ はこれらより小さいので矛盾．よって，a, b が偶数で c が奇数の場合のみ考えればよい．このとき，$ab - c = 1$ より

$$2^l = a^2 b - (a + b), \quad 2^m = ab^2 - (a + b).$$

　$v_2(a) \neq v_2(b)$ と仮定すると，

$$v_2(ca - b) = \min\{v_2(a), v_2(b)\} = v_2(bc - a)$$

すなわち $l = m$ となって矛盾する．よって $v_2(a) = v_2(b)$ であり，この共通の値を α とおく．ここで $v_2(b + c) \neq 3\alpha$ であるとすると，

$$v_2(a^2b - (a+b)) = \min\{3\alpha, v_2(a+b)\} = v_2(ab^2 - (a+b))$$

すなわち $l = m$ となって矛盾する．よって，$v_2(a+b) = 3\alpha$ である．これと $ab - 2 \equiv 2 \pmod 4$ から

$$l = v_2(2^l + 2^m) = v_2((a+b)(ab-2)) = 3\alpha + 1$$

がわかるので $\dfrac{2a^3}{a^2b - a - b}$ は奇数である．以下，この値に応じて場合分けをする．$a \geqq 2$, $b \geqq 4$ に注意する．

$\dfrac{2a^3}{a^2b - a - b} = 1$ の場合．$b = \dfrac{2a^3 + a}{a^2 - 1} = 2a + \dfrac{3a}{a^2 - 1}$ より $3a \geqq a^2 - 1 > a^2 - a$, つまり $a < 4$ がわかる．a は偶数だから $a = 2$ で，$(a, b, c) = (2, 6, 11)$ となる．

$\dfrac{2a^3}{a^2b - a - b} \geqq 3$ の場合．$a < b \leqq \dfrac{2a^3 + 3a}{3(a^2 - 1)}$ より $3a(a^2 - 1) < 2a^3 + 3a$, つまり $a^2 < 6$ がわかる．a は偶数だから $a = 2$ となるが，$b \leqq \dfrac{2 \cdot 2^3 + 3 \cdot 2}{3(2^2 - 1)} = \dfrac{22}{9}$ より $b \geqq 4$ に矛盾する．

Case 2.3. a, b, c がすべて奇数の場合

$$b \cdot 2^l - c \cdot 2^m = b(ca - b) - c(ba - c) = (c + b)(c - b)$$

は $ca - b$ で割りきれる．$(c + b) - (c - b) = 2b$ が 2 で 1 回しか割り切れないので，$c + b, c - b$ のうち片方は 2 で 1 回しか割り切れない．よって，$ca - b$ が 2 のべき乗であることから，$ca - b \mid 2(c + b)$ または $ca - b \mid 2(c - b)$. いずれにせよ $ca - b \leqq 2(c + b)$ すなわち $c(a - 2) \leqq 3b$ である．ここで $a \geqq 5$ とすると $c \leqq b$ となって矛盾し，$a = 1$ ならば $ab - c = b - c < 0$ で不適であるから $a = 3$. $3c - b = 2^l$, $3b - c = 2^k$ を連立させて解くと $\dfrac{3 \cdot 2^l + 2^k}{8} = c$ が奇数になることがわかる．$k < l$ より $v_2\left(\dfrac{3 \cdot 2^l + 2^k}{8}\right) = k - 3$ だから $k = 3$ であり，$c = 3b - 8$ となる．$bc - a = (b - 3)(3b + 1)$ が 2 のべき乗だから $b - 3, 3b + 1$ はともに 2 のべき乗であるが，$3b + 1 - 3(b - 3) = 10$ より，これらのうち少なくとも片方は 2 以下である．$b - 3 < 3b + 1$ と $b - 3, 3b - 1$ がともに偶数であることから $b - 3 = 2$ つまり $b = 5$ で，このとき $(a, b, c) = (3, 5, 7)$ となる．

以上より，

160 第 5 部 国際数学オリンピック

$$(a, b, c) = (2, 2, 2), (2, 2, 3), (2, 6, 11), (3, 5, 7)$$

とその任意の並べ替えが答である (これらが題意をみたすことは容易に確認できる).

【3】 平面上のいくつかの点が同一直線上にあることを「共線」，同一円周上にあることを「共円」ということにする.

点 A′ を AA′ が Γ の直径となるようとる. このとき，直線 A′B, CH はともに直線 AB に垂直なので互いに平行となり，同様に直線 A′C, BH も平行となる. よって，A′CHB は平行四辺形であり，H, M, A′ は共線となる. 特に M は線分 HA′ の中点である. また，$\angle AQH = \angle AQA' = 90°$ より，Q, H, A′ は共線となる. すなわち，Q, H, M, A′ は共線である. 同じ議論により，点 Q′ を QQ′ が Γ の直径となるようとると，K, H, Q′ は共線となる. さらに，直線 AH と Γ の交点のうち A でない方を G とおく. このとき $\angle HBC = 90° - \angle ACB = \angle GAC = \angle GBC$ であり，同様に $\angle HCB = \angle GCB$ となるので，三角形 HBC と三角形 GBC は合同である. 特に，F は線分 HG の中点となる.

さて，点 L を直線 HK について Q と反対側に $\angle LKH = \angle KQH$ をみたすようにとる. このとき，接弦定理の逆より直線 KL は三角形 KQH の外接円に接する. したがって，題意を示すには $\angle LKF = \angle KMF$ を示せばよいとわかる. また，この式の両辺を変形すると $\angle HQK - \angle HKF = \angle HMF - \angle HMK$ となる. したがって，$\angle HQK + \angle HMK = \angle HMF + \angle HKF$ を示せばよい.

4 点 A, Q′, G, K は共円なので，三角形 HAQ′ と三角形 HKG は相似である. このとき，線分 HQ′ の中点を J とおくと，J と F は相似で対応する辺の中点同士なので，三角形 HAJ と三角形 HKF も相似となる. すると $\angle HAJ = \angle HKF$ とわかる. 同様の議論を Q, Q′, A′, K の共円に適応すると，三角形 HQJ と三角形 HKM が相似であり，$\angle HJQ = \angle HMK$ とわかる. また，$\angle HQK = \angle HQ'A'$ であり，$\angle HMF = 90° - \angle FHM = 90° - \angle AHQ = \angle HAQ$ となる. 以上より，示すべきことは $\angle HQ'A' + \angle HJQ = \angle HAQ + \angle HAJ$ と言い換えられる.

さて，AQ′A′Q は長方形であり，J は線分 HQ′ の中点なので，J は線分 AQ の垂直二等分線上にある. よって，$\angle JQA = \angle JAQ = \angle HAQ + \angle HAJ$ となる. また，$\angle HQ'A' + \angle HJQ = 90° - \angle A'HQ' + \angle HJQ = 90° - \angle HQJ = \angle JAQ$ と

なる．すなわち $\angle HQ'A' + \angle HJQ = \angle HAQ + \angle HAJ$ が言えたので，示された．

【4】 平面上のいくつかの点が同一円周上にあることを「共円」ということにする．

AF = AG, OF = OG より，A と O は線分 FG の垂直二等分線上にある．したがって，X が FG の垂直二等分線上にあることを示せばよく，そのためには $\angle AFK = \angle AGL$ を示すとよい．

ここで $\angle AFK = \angle AFG + \angle GFD - \angle KFD$ であり，A, F, C, G の共円より $\angle AFG = \angle ACG$ がわかり，また D, E, F, G の共円と L, E, C, G の共円より $\angle GFD = \angle GEC = \angle GLC$ がわかる．さらに，K, F, B, D の共円と A, B, C, G の共円より $\angle KFD = \angle KBD = 180° - \angle AGC$ もわかる．

すると，

$$\angle AFK = \angle ACG + \angle GLC - (180° - \angle AGC)$$

$$= (180° - \angle LGC) - (180° - \angle AGC)$$

$$= \angle AGL$$

となる．よって示された．

【5】 関数 $f(x) = x$ および $f(x) = 2 - x$ が題意をみたすことは明らかである (前者の場合両辺がともに $2x + y + xy$ になり，後者の場合両辺がともに $2 + y - xy$ になる)．この他に解が存在しないことを示そう．実数 a であり，$f(a) = a$ をみたすものを，f の固定点とよぶことにする．

与えられた式

$$f(x + f(x + y)) + f(xy) = x + f(x + y) + yf(x) \tag{1}$$

で $y = 1$ を代入して

$$f(x + f(x + 1)) = x + f(x + 1). \tag{2}$$

よって，任意の実数 x について $x + f(x + 1)$ は f の固定点である．(1) で $x = 0$ を代入して

162　第5部　国際数学オリンピック

$$f(f(y)) + f(0) = f(y) + yf(0). \tag{3}$$

以下，$f(0)$ の値に応じて場合分けを行う．

Case 1. $f(0) \neq 0$ の場合

a が f の固定点である場合，(3) で $y = a$ を代入して $f(0) = af(0)$ であるが，$f(0) \neq 0$ と仮定しているので $a = 1$ である．よって，(2) より $x + f(x+1) = 1$ が任意の実数 x について成り立ち，この x を $x - 1$ で置き換えれば，$f(x) = 2 - x$ を得る．

Case 2. $f(0) = 0$ の場合

(1) で $y = 0$ を代入し x を $x+1$ で置き換えて，

$$f(x + f(x+1) + 1) = x + f(x+1) + 1. \tag{4}$$

(1) で $x = 1$ を代入して，

$$f(1 + f(y+1)) + f(y) = 1 + f(y+1) + yf(1). \tag{5}$$

(2) で $x = -1$ を代入して，$f(-1) = -1$. (5) で $y = -1$ を代入して，$f(1) = 1$. したがって (5) は，

$$f(1 + f(y+1)) + f(y) = 1 + f(y+1) + y \tag{6}$$

となる．この式から，a と $a+1$ がともに f の固定点であるとき，（$y = a$ を代入して）$a + 2$ も f の固定点となることが分かる．よって (2)(4) より，

$$f(x + f(x+1) + 2) = x + f(x+1) + 2$$

であり，この x に $x - 2$ を代入して，

$$f(x + f(x-1)) = x + f(x-1)$$

を得るが，一方で (1) に $y = -1$ を代入して，

$$f(x + f(x-1)) + f(-x) = x + f(x-1) - f(x)$$

であり，2式を比較して，任意の実数 x について $f(-x) = -f(x)$ である（f は奇関数である）ことが分かる．

(1) で (x, y) に $(-1, -y)$ を代入して $f(-1) = -1$ を用いると，

$$f(-1 + f(-y-1)) + f(y) = -1 + f(-y-1) + y.$$

f は奇関数であるから，

$$-f(1 + f(y+1)) + f(y) = -1 - f(y+1) + y.$$

これと (6) の和をとり，$f(x) = x$ を得る．

別解 (**Case2** の別解を紹介する．$f(-1) = -1$, $f(1) = 1$ を得るところまでは解と同様．)

(3) より任意の実数 y について $f(f(y)) = f(y)$ であり，以後この性質は繰り返し用いる．(1) で $(x, y) = (1, t-1)$ を代入して，

$$f(1 + f(t)) + f(-1 + t) = t + f(t), \tag{i}$$

$(x, y) = (-1, t+1)$ を代入して，

$$f(-1 + f(t)) + f(-t-1) = -2 - t + f(t) \tag{ii}$$

を得る．(i) の t に $f(t)$ を代入して，

$$f(1 + f(t)) + f(-1 + f(t)) = 2f(t) \tag{iii}$$

であり，(i)+(ii)−(iii) を計算して，

$$f(-1 + t) + f(-1 - t) = -2 \tag{iv}$$

を得る．よって

$$(t + f(t-1)) + (-t + f(-t-1)) = -2$$

であり，再び (iv) を用いて

$$f(t + f(t-1)) + f(-t + f(-t-1)) = -2.$$

(1) で $(x, y) = (t, -1), (-t, -1)$ を代入した式の和をとり，これを用いると f が奇関数であることが分かる (以下は解と同様)．

【6】 $A_m = \{a_j + j \mid 1 \leqq j \leqq m\}$ $(m \geqq 1)$ とおく．また，正の整数のうち $a_j + j$ $(j \geqq 1)$ の形で表せないものからなる集合を S とする．$1 \in S$ である．A_m, S

164   第 5 部　国際数学オリンピック

は共通部分を持たないことに注意する.

　S が 2016 個以上の元を持っているとし，S の 2016 番目に小さい元を L とする. すると，集合 $A_{L-2015} \cup \{k \in S \mid k \leqq L\}$ は $(L - 2015) + 2016 = L + 1$ 個の元を持つが，一方でどの元も L 以下であるから矛盾する. よって，S の元の個数は 2015 以下である. S の最大の元を N, S の元の数を b ($1 \leqq b \leqq 2015$) とおいたとき示すべき式が成り立つことを示す.

　m を $N < m$ なる整数とする. 集合 $S \cup A_m$ の元の数は $m + b$ であり，どの元も $m + 2015$ 以下である. 整数 k が $1 \leqq k \leqq m+1$, $k \notin S$ をみたすとすると，$a_i + i = k$ なる正の整数 i があるが，$i = k - a_i \leqq (m+1) - 1 = m$ より $k \in A_m$ となる. よって，集合 $S \cup A_m$ は以下の元からなることがわかる:

- 1 以上 $m + 1$ 以下の整数すべて

- $m + 2$ 以上 $m + 2015$ 以下の整数のうち $b - 1$ 個.

よって，次の不等式が成り立つ:

$$\sum_{j=1}^{m+b} j \leqq \sum_{j \in A_m \cup S} j \leqq \sum_{j=1}^{m+b} j + (b-1)(2015 - b).$$

$C = \displaystyle\sum_{j \in S} j - \frac{b^2 + b}{2}$ とおき整理すると，

$$0 \leqq \sum_{j=1}^{m} (a_j - b) + C \leqq (b-1)(2015 - b)$$

となる. m, n が $N < m < n$ なる整数のとき，この不等式で m を n に変えたものも成立する. よって，

$$\left| \sum_{j=m+1}^{n} (a_j - b) \right|$$

$$= \left| \left(\sum_{j=1}^{n} (a_j - b) + C \right) - \left(\sum_{j=1}^{m} (a_j - b) + C \right) \right|$$

$$= (b-1)(2015 - b) = 1007^2 - (1008 - b)^2 \leqq 1007^2$$

であり，題意は示された.

5.3 IMO 第57回 香港大会 (2016)

●第1日目：7月11日 [試験時間 4 時間 30 分]

1. 　　三角形 BCF は角 B を直角にもつ直角三角形である．点 A を直線 CF 上の点で FA = FB かつ点 F が線分 AC 上にあるようなものとする．点 D を DA = DC かつ直線 AC が ∠DAB の二等分線となるように選ぶ．点 E を EA = ED かつ直線 AD が ∠EAC の二等分線となるように選ぶ．さらに，点 M を線分 CF の中点とする．点 X を AMXE が平行四辺形となるように選ぶ (このとき AM // EX かつ AE // MX となるようにする)．このとき，3 直線 BD, FX, ME は一点で交わることを示せ．

　　ただし，XY で線分 XY の長さを表すものとする．

2. 　　n を正の整数とする．$n \times n$ のマス目の各マスに，次の 2 条件を満たすように I, M, O のうちいずれか 1 文字を書き込むことを考える：

- 各行，各列には I, M, O の各文字がちょうど 3 分の 1 ずつ含まれる．

- 各斜線について，その斜線に含まれるマスの数が 3 の倍数であれば，その斜線には I, M, O の各文字がちょうど 3 分の 1 ずつ含まれる．

このようなことが可能な n をすべて求めよ．

注：$n \times n$ のマス目の各行，各列は上および左から順に 1 から n まで番号をつけることができる．したがって，各マスは $1 \leqq i, j \leqq n$ を満たす正整数の組 (i, j) に対応付けられる．このとき，**斜線**とは $i + j$ が一定となるようなマス (i, j) 全体からなる集合，および $i - j$ が一定となるようなマス (i, j) 全体からなる集合のことであり，合計 $4n - 2$ 本存在する．

166 第 5 部 国際数学オリンピック

3. 座標平面上に凸多角形 $P = A_1A_2\cdots A_k$ がある．$A_1, A_2, \cdots, A_k$ は同一円周上にあり，その座標は全て整数である．S を P の面積とする．正の奇数 n は各辺の長さの 2 乗を割りきるという．このとき，$2S$ は n で割りきれる整数であることを示せ．

●第 2 日目：7 月 12 日 [試験時間 4 時間 30 分]

4. 正の整数の集合が**香り高い**とは，少なくとも 2 つの元をもち，かつ任意の元について同じ素因数をもつ別の元が存在することをいう．$P(n) = n^2 + n + 1$ とする．このとき，正の整数 b であって，集合

$$\{P(a + 1), P(a + 2), \cdots, P(a + b)\}$$

が香り高いような非負整数 a が存在するもののうち，最小の値を求めよ．

5. 両辺にそれぞれ 2016 個の 1 次の因数を持つ方程式

$$(x - 1)(x - 2)\cdots(x - 2016) = (x - 1)(x - 2)\cdots(x - 2016)$$

が黒板に書かれている．これらの 4032 個の 1 次の因数のうち k 個をうまく選んで消すことで，次の 2 条件をみたすようにしたい：

- 両辺にそれぞれ少なくとも 1 つずつ因数が残る．

- できあがった方程式は，実数解をもたない．

このようなことが可能な正の整数 k のうち，最小の値を求めよ．

6. n を 2 以上の整数とする．平面上に n 本の線分があり，どの 2 本も端点以外で交点をもち，どの 3 本も 1 点で交わらないとする．晋一君はそれぞれの線分についていずれかの端点を選び，もう片方の端点を向くように 1 匹ずつカエルを配置する．次に，晋一君は $n-1$ 回手をたたく．晋一君が 1 回手をたたくごとに，それぞれのカエルは線分上の隣の交点に跳び移る．ただし，それぞれのカエルは移動する向きを変えないとする．晋一君の目標は，うまくカエルを配置することで，どの 2 匹のカエルも同時に同じ点にいることがないようにすることである．

1. n が奇数のとき，晋一君は必ず目標を達成できることを示せ．
2. n が偶数のとき，晋一君は決して目標を達成できないことを示せ．

解答

【1】

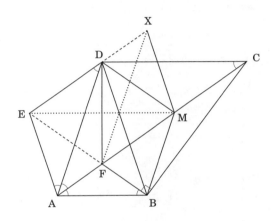

題意より，
$$\angle\mathrm{FAB} = \angle\mathrm{FBA} = \angle\mathrm{DAC} = \angle\mathrm{DCA} = \angle\mathrm{EAD} = \angle\mathrm{EDA}$$
となるが，これを θ と置く．

$\triangle\mathrm{ABF}, \triangle\mathrm{ACD}$ は相似だから，$\dfrac{\mathrm{AB}}{\mathrm{AC}} = \dfrac{\mathrm{AF}}{\mathrm{AD}}$ であり，$\triangle\mathrm{ABC}, \triangle\mathrm{AFD}$ は相似となる．よって，$\angle\mathrm{AFD} = \angle\mathrm{ABC} = 90° + \theta$ となるが，$\angle\mathrm{AED} + 2\theta = 180°$ であるから，$\angle\mathrm{AFD} = 180° - \dfrac{1}{2}\angle\mathrm{AED}$ となる．よって，F は E を中心とした半径 $\mathrm{EA} = \mathrm{ED}$ の円周上にある．したがって，$\mathrm{EF} = \mathrm{EA}$ となるから，$\angle\mathrm{EFA} = \angle\mathrm{EAF} = 2\theta = \angle\mathrm{BFC}$ となり，B, F, E は一直線上にある．

また，$\angle\mathrm{EDA} = \angle\mathrm{MAD}$ だから $\mathrm{ED} \parallel \mathrm{AM}$ となり，$\mathrm{EX} \parallel \mathrm{AM}$ だから，E, D, X は一直線上にある．

168　第5部　国際数学オリンピック

　　直角三角形 CBF において MF = MC だから，MF = MB である．二等辺三
角形 △EFA, △MFB において，∠EFA = ∠MFB, AF = BF であるから，△EFA,
△MFB は合同である．よって

$$\text{BM} = \text{AE} = \text{XM}, \quad \text{BE} = \text{BF} + \text{FE} = \text{AF} + \text{FM} = \text{AM} = \text{EX}$$

であり，△EMB, △EMX は直線 EM に関して対称である．さらに EF = ED
であるから，線分 BD, XF は直線 EM に関して対称である．よって BD, XF,
EM は一点で交わる．

　　[注]　以上の証明以外にもいろいろな証明がある．

【2】　　可能な n は任意の 9 の倍数であることを示す．
　　先ず，サイズ 9 の次の正方行列を考える：

$$A = \begin{pmatrix} I & I & I & M & M & M & O & O & O \\ M & M & M & O & O & O & I & I & I \\ O & O & O & I & I & I & M & M & M \\ I & I & I & M & M & M & O & O & O \\ M & M & M & O & O & O & I & I & I \\ O & O & O & I & I & I & M & M & M \\ I & I & I & M & M & M & O & O & O \\ M & M & M & O & O & O & I & I & I \\ O & O & O & I & I & I & M & M & M \end{pmatrix}$$

この行列 A が条件をみたすことは容易に確かめられる．n が 9 の倍数 $n = 9k$
のときには，この行列 A を $k \times k$ 個並べた $n \times n$ の行列 X を考える．行列 X
の行および列が条件をみたすことは，行列 A が条件をみたすことから明らかで
ある．X の各斜線について，その斜線に含まれるマス目の数が 3 の倍数であれ
ば，その斜線と交わる各小行列 A について，斜線と A との交わりにあるマス目
の数が 3 の倍数となり，A の性質から X の斜線が条件をみたすことが分かる．
これでサイズが $n = 3k$ の行列 X が条件をみたすことが確かめられた．

　　次に，サイズが n の正方行列 Y が条件をみたしたとする．行（または列）の
条件から n が 3 の倍数であることは明らかなので，$n = 3m$ と置き，Y を $m \times$

m の 3×3 の小ブロックに分ける．各小ブロックの中心にある成分を主成分と呼び，主成分を含む行，列，斜線を主行，主列，主斜線と呼び，主行，主列，主斜線を合わせて主線分と呼ぶ．以下，主線分 l と主成分 c の組 (l, c) で，l が c を含み，c が M となる組の数 N を数える．

各行または各列は同じ個数の I, M, O を含むから，各主行または主列は m 個の M を含む．これに対して主斜線については，一方向の主斜線全体で

$$1 + 2 + \cdots + (m - 1) + m + (m - 1) + \cdots + 2 + 1 = m^2$$

個の M を含む．よって $N = 4m^2$ である．

Y 上に全部で $3m^2$ 個の M があり，各成分は 1 個または 4 個の主線分に属する．よって $4m^2 \equiv 3m^2 \pmod 3$ となる．よって $m^2 \equiv 0 \pmod 3$ となり，m は 3 の倍数となる．

【3】 $k = 3$ とし，$\mathrm{A}_1 = (x_1, y_1)$, $\mathrm{A}_2 = (x_2, y_2)$, $\mathrm{A}_3 = (x_3, y_3)$, $\mathrm{A}_1\mathrm{A}_2 = a$, $\mathrm{A}_2\mathrm{A}_3 = b$, $\mathrm{A}_3\mathrm{A}_1 = c$ と置く．x_i, y_i $(i = 1, 2, 3)$ は整数であるから，面積の 2 倍

$$2S = |(x_2 - x_1)(y_3 - y_1) - (x_3 - x_1)(y_2 - y_1)|$$

は整数である．また，ヘロンの公式より

$$S = \frac{1}{4}\sqrt{(a + b + c)(-a + b + c)(a - b + c)(a + b + c)}$$

であり，a^2, b^2, c^2 は n で割り切れるから，

$$16S^2 = -a^4 - b^4 - c^4 + 2a^2b^2 + 2b^2c^2 + 2a^2c^2$$

は n^2 で割り切れる．ところが n は奇数であるから，$2S$ は n で割り切れる．

k が 4 以上であるとする．このとき，凸多角形 $\mathrm{P} = \mathrm{A}_1\mathrm{A}_2\cdots\mathrm{A}_k$ は $\mathrm{A}_1\mathrm{A}_2\cdots\mathrm{A}_{k-1}$ と三角形 $\mathrm{A}_{k-1}\mathrm{A}_k\mathrm{A}_1$ の和であるから，k に関する帰納法により，$\mathrm{A}_1\mathrm{A}_2\cdots\mathrm{A}_k$ の面積の 2 倍 $2S$ は整数の和となり，整数となる．そこで $2S$ が n で割り切れることを，k に関する帰納法で示す．

n を素因数分解したときに出てくる素数のべき p^e (p は素数，e は自然数，$p^e | n$, $p^{e+1} \nmid n$) を取り，$2S$ が p^e で割り切れることを示す．そのため，任意の整数 m に対して，m を割り切る最大の p のべきを $\nu_p(m)$ で表す．

もしある対角線 A_iA_j $(i < j)$ の長さの 2 乗が p^e で割り切れるなら，凸多角形 $A_1A_2\cdots A_k$ を凸多角形 $A_1A_2\cdots A_{i-1}A_iA_jA_{j+1}\cdots A_{k-1}A_k$ と凸多角形 $A_iA_{i+1}\cdots A_{j-1}A_j$ に分けると，帰納法により，双方の面積の 2 倍が p^e で割り切れるから，$2S$ は p^e で割り切れる．よってどの対角線 A_iA_j $(i < j)$ の長さの 2 乗も p^e では割り切れないと仮定して，矛盾を導く．

主張　上記の仮定の下で，$2 \leqq m \leqq k-1$ のとき，次の不等式が成り立つ：

$$\nu_p((A_1A_m)^2) > \nu_p((A_1A_{m+1})^2)$$

この主張が成り立てば，$p^e > \nu_p((A_1A_3)^2) > \nu_p((A_1A_4)^2) > \cdots > \nu_p((A_1A_k)^2) \geqq p^e$ となり矛盾するから，帰納法が使え，証明が完成する．

主張の証明　$m = 2$ のときは，$\nu_p((A_1A_2)^2) \geqq p^e > \nu_p((A_1A_3)^2)$ だから主張は成立する．そこで $\nu_p((A_1A_2)^2) > \nu_p((A_1A_3)^2) > \cdots > \nu_p((A_1A_m)^2)$ $(3 \leqq m \leqq k-1)$ であると仮定する．

トレミーの定理を円に内接する四角形 $A_1A_{m-1}A_mA_{m+1}$ に使うと，

$$A_1A_{m+1} \cdot A_{m-1}A_m + A_1A_{m-1} \cdot A_mA_{m+1} = A_1A_m \cdot A_{m-1}A_{m+1}$$

となるが，この式の左辺第 2 項を右辺に移して 2 乗すると，

$$(A_1A_{m+1})^2 \cdot (A_{m-1}A_m)^2 = (A_1A_{m-1})^2 \cdot (A_mA_{m+1})^2$$
$$-2 \cdot A_1A_{m-1} \cdot A_mA_{m+1} \cdot A_1A_m \cdot A_{m-1}A_{m+1} + (A_1A_m)^2 \cdot (A_{m-1}A_{m+1})^2$$

となるが，これより $2 \cdot A_1A_{m-1} \cdot A_mA_{m+1} \cdot A_1A_m \cdot A_{m-1}A_{m+1}$ が整数となることが分かる．また仮定より，$\nu_p((A_1A_{m-1})^2) > \nu_p((A_1A_m)^2)$ であり，$\nu_p((A_mA_{m+1})^2) \geqq p^e > \nu_p((A_{m-1}A_{m+1})^2)$ である．よって

$$\nu_p((A_1A_{m-1})^2 \cdot (A_mA_{m+1})^2) > \nu_p((A_1A_m)^2 \cdot (A_{m-1}A_{m+1})^2)$$

である．さらに $\nu_p(4(A_1A_{m-1})^2 \cdot (A_mA_{m+1})^2 \cdot (A_1A_m)^2 \cdot (A_{m-1}A_{m+1})^2) = \nu_p((A_1A_{m-1})^2 \cdot (A_mA_{m+1})^2) \cdot \nu_p((A_1A_m)^2 \cdot (A_{m-1}A_{m+1})^2) > (\nu_p((A_1A_m)^2 \cdot (A_{m-1}A_{m+1})^2))^2$ であるから，

$$\nu_p(2 \cdot A_1A_{m-1} \cdot A_mA_{m+1} \cdot A_1A_m \cdot A_{m-1}A_{m+1})$$

$$> \nu_p((\mathrm{A_1A_m})^2 \cdot (\mathrm{A_{m-1}A_{m+1}})^2)$$

となる．以上を合わせると，

$$\nu_p((\mathrm{A_1A_{m+1}})^2 \cdot (\mathrm{A_{m-1}A_m})^2) = \nu_p((\mathrm{A_1A_m})^2 \cdot (\mathrm{A_{m-1}A_{m+1}})^2)$$

となる．ところが，$\nu_p((\mathrm{A_{m-1}A_m})^2) > p^e > \nu_p((\mathrm{A_{m-1}A_{m+1}})^2)$ であるから，$\nu_p((\mathrm{A_1A_{m+1}})^2) < \nu_p((\mathrm{A_1A_m})^2)$ となり，主張の証明は完成する．

[注] 問題を解くために必要な幾何的な知識は標準的なものである．3角形の場合に証明し，帰納法を使うことまでは気づくと思うが，「トレミーの定理を使って主張を証明する」ことに気づくのが難しい．

円の中心の座標が整数である場合には簡単だが，一般には，中心の座標が有理数であることしか分からない．

【4】　最小の値は 6 であることを示す．

(i) $P(n+1) - P(n) = 2(n+1)$ であり，$P(n) = n^2 + n + 1$ は常に奇数だから，$(P(n), P(n+1)) = (n^2+n+1, n+1) = (n^2, n+1) = 1$ であり，$P(n)$ と $P(n+1)$ の最大公約数は 1 である．

(ii) 整数係数の多項式の範囲でユークリッドの互除法を行うと

$$(2n+7)P(n) - (2n-1)P(n+2) = 14 = 2 \cdot 7$$

となる．ここで $P(n)$ は奇数だから，$(P(n), P(n+2))$ は 7 または 1 であるが，mod 7 で $P(n), P(n+2)$ の値を計算すると，$n \not\equiv 2 \pmod 7$ のとき $(P(n+2), P(n)) = 1$，$n \equiv 2 \pmod 7$ のとき $(P(n+2), P(n)) = 7$ となることが分かる．

(iii) 同様にして，$(n+5)P(n) - (n-1)P(n+3) = 18 = 2 \cdot 3^2$ であるから，$n \not\equiv 1 \pmod 3$ のとき $(P(n), P(n+3)) = 1$，$n \equiv 1 \pmod 3$ のとき $(P(n), P(n+3))$ は 3 の倍数となることが分かる．

5元からなる香り高い集合 $\{P(a), P(a+1), \cdots, P(a+4)\}$ が存在したとする．このとき，$P(a+2)$ は $P(a+1), P(a+3)$ と互いに素であるから，$(P(a), P(a+2)) \neq 1$ または $(P(a+2), P(a+4)) \neq 1$ となる．もし $(P(a), P(a+2)) \neq 1$ なら，$a \equiv 2 \pmod 7$ となり $(P(a+1), P(a+3)) = 1$ かつ $(P(a+2), P(a+4)) = 1$ となる．よって $(P(a), P(a+3)) \neq 1$ かつ $(P(a+1), P(a+4)) \neq 1$ となり，$a,$

$a + 1 \equiv 1 \pmod{3}$ となり，矛盾する．$(P(a+2), P(a+4)) \neq 1$ であっても同様に矛盾する．5 元より少ない香り高い集合についても，同じ議論が成り立つ．よって $n \geqq 6$ である．

$n = 6$ の香り高い集合を作るため，中国式剰余定理を使って

$$a + 1 \equiv 2 \pmod{7}, \quad a + 2 \equiv 1 \pmod{3}, \quad a \equiv 7 \pmod{19}$$

となる数（例えば，$a = 197$）を取る．このとき，$P(a+1), P(a+3)$ は 7 で割り切れ，$P(a+2), P(a+5)$ は 3 で割り切れる．また $P(7) = 57 = 3 \cdot 19$，$P(11) = 133 = 7 \cdot 19$ だから，$P(a)$ と $P(a+4)$ は 19 で割り切れる．よって $\{P(a), P(a+1), \cdots, P(a+5)\}$ は香り高い集合である．

【5】　最小の値は 2016 であることを示す．

現在ある $x = 1, 2, \cdots, 2015, 2016$ という 2016 個の解をなくすためには，少なくとも 2016 個の 1 次因子を消さざるを得ない．

そこで次のように両辺から 2016 個の 1 次因子を消した方程式を考える．

$$\prod_{j=0}^{503} (x - 4j - 1)(x - 4j - 4) = \prod_{j=0}^{503} (x - 4j - 2)(x - 4j - 3)$$

このとき，$x = 1, 2, \cdots, 2015, 2016$ と置くと，右辺または左辺の一方が 0 となり他方が 0 ではないから，これらは方程式の解とはならない．

ある $k = 0, 1, \cdots, 503$ に対して，$4k + 1 < x < 4k + 2$ または $4k + 3 < x < 4k + 4$ となるする．$j \neq k$ に対して $(x - 4j - 1)(x - 4j - 4) > 0$ である．また $(x - 4k - 1)(x - 4k - 4) < 0$ である．よって左辺は負である．これに対し，$(x - 4j - 2)(x - 4j - 3) > 0$ だから右辺は正である．よってこの範囲には方程式の解はない．

$x < 1$，または $x > 2016$，またはある $k = 0, 1, \cdots, 503$ に対して $4k < x < 4k + 1$ となるとする．このとき問題の方程式は，

$$1 = \prod_{j=0}^{503} \frac{(x - 4j - 1)(x - 4j - 4)}{(x - 4j - 2)(x - 4j - 3)} = \prod_{j=0}^{503} \left(1 - \frac{2}{(x - 4j - 2)(x - 4j - 3)} \right)$$

と変形できるが，$(x - 4j - 2)(x - 4j - 3) > 2$ であるから，右辺の積の各因子は 0 から 1 の間にあり，右辺は 1 より小さい．よってこの区間には解はない．

ある $k = 0, 1, \cdots, 503$ に対して $4k+2 < x < 4k+3$ をみたすとする．このとき問題の方程式は，

$$1 = \frac{x-1}{x-2} \cdot \frac{x-2016}{x-2015} \cdot \prod_{j=1}^{503} \left(\frac{(x-4j)(x-4j-1)}{(x-4j+1)(x-4j-2)} \right)$$

$$= \frac{x-1}{x-2} \cdot \frac{x-2016}{x-2015} \cdot \prod_{j=1}^{503} \left(1 + \frac{2}{(x-4j+1)(x-4j-2)} \right)$$

と変形できる．この式の右辺の $\dfrac{x-1}{x-2}, \dfrac{x-2016}{x-2015}$ は 1 より大であり，$(x-4j+1)(x-4j-2) > 0$ である．よって右辺は 1 より大であり，この区間には方程式の解はない．

以上で問題の方程式が実数解を持たないことが証明できた．

[注] 上記の多項式以外にも条件をみたす多項式の組はある．

【6】 すべての線分を含む大きな円盤を取り，各線分を直線 l_i ($i = 1, 2, \cdots, n$) に延長して，円周との交点を A_i, B_i と置く．

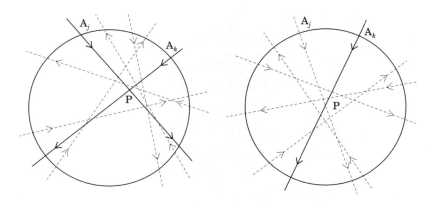

1. n が奇数であるとする．ある直線 l_1 と円周との交点 A_1 に「入口」，B_1 に「出口」と印をつけ，円周を時計回りに周りながら，直線との交点にぶつかる毎に「出口」，「入口」の印を交代につけて行く．どの 2 本の直線も必ず交わるから，直線 l は偶数である $n-1$ 個の l_i ($2 \leqq i \leqq n$) と交わるから，B_1 に来る直前の円周との交点は「入口」となっている．したがって，各直線と円周の交点

174 第 5 部 国際数学オリンピック

全体に「入口」と「出口」の印を交互につけることができる．そこで各直線の
「入口」に近い線分の端点にカエルを置くと，晋一君は目的を達成することがで
きることを示す．

　必要なら記号を変えることにより，「入口」と印がついた円周との交点を A_i
とし，「出口」と印がついた交点が B_i であるとする．晋一君が目的を達成でき
ないとすると，A_j に近い端点においたカエルと $A_k\,(j \neq k)$ に近い端点におい
たカエルが，l_j と l_k の交点 P でぶつかることになり，A_jP と A_kP の上には同
じ数の直線 $l_i\,(i \neq j,k)$ との交点がなければならない．

　A_j, A_k は共に「入口」であるから，その間には奇数個の直線 $l_i\,(i \neq j,k)$ と円
周の交点があり，それらを端点とする直線 l_i は必ず線分 A_jP か線分 A_kP のど
ちらか一方とのみ交わる．したがって，A_jP の上にあるこのようにしてできる
交点と，A_kP の上にあるこの様にしてできる交点が，同じ数であるということ
はない．それ以外の直線 l_i は，線分 A_jP か線分 A_kP のどちらとも交わるか，
どちらとも交わらないか，のいずれかである．したがって A_jP と A_kP の上に
ある交点の数は異なる．これは矛盾だから，カエルは交点でぶつかることはな
く，晋一君は目的を達成できる．

　2. n を偶数とし，晋一君が目的を達成できたとして矛盾を導く．

　各直線について，カエルがおかれた端点に近い円周との交点を A_i と置き，そ
れを「入口」と呼び，反対側の交点を B_i と置き，「出口」と呼ぶ．このとき，
円周上で隣り合う「入口」があることを示す．

　ある直線 l_j を固定し，その「入口」A_j から時計回りに円周と直線との交点が
「入口」か「出口」かを調べる．隣り合う「入口」がないとすれば，A_j から時
計回りに交点を調べてゆくと，交点の個数は奇数である $n-1$ 個あるから，A_j
の「出口」に到達するまでに「出口」の方が少なくとも 1 つ多い．A_j から始め
て時計の逆向きに同じことを行うと，そちらでも「出口」の方が少なくとも 1
つ多くなる．「入口」と「出口」の数は同じであるから，これは矛盾である．し
たがって，円周上で隣り合う「入口」A_j と A_k がある．

　A_j と A_k は円周上で隣り合っているから，l_j と l_k の交点を P とすると，A_jP
と交わる直線 $l_i\,(i \neq j,k)$ は A_kP とも交わる．よって，A_jP と A_kP の上には

同じ数の直線 l_i との交点がある．したがって，A_j に近い l_j の端点におかれた
カエルと，A_k に近い l_k の端点におかれたカエルは，交点 P でぶつかる．これ
は矛盾だから，晋一君は目的を達成できない．

[注]　上記のように，すべての線分を含む大きな円盤を作り，線分を延長し
た直線と円周との交点を考えると，問題の見通しが良くなる．そこまで届くと，
1 を解くのは難しくないだろう．2 については，隣り合う「入口」があること
に気づくかどうかが問題であろう．

5.4 IMO 第58回 ブラジル大会 (2017)

●第1日目：7月18日 [試験時間 4時間 30分]

1. $a_0 > 1$ をみたすような各整数 a_0 に対して，数列 $a_0, a_1, a_2, \cdots$ を以下のように定める：

$$a_{n+1} = \begin{cases} \sqrt{a_n} & \sqrt{a_n} \text{ が整数のとき,} \\ a_n + 3 & \text{そうでないとき,} \end{cases} \quad n = 0, 1, 2, \cdots.$$

このとき，ある A が存在して $a_n = A$ をみたす n が無数にあるような a_0 をすべて求めよ.

2. $\mathbb{R}$ を実数全体からなる集合とする. 関数 $f \colon \mathbb{R} \to \mathbb{R}$ であって，任意の実数 x, y に対して

$$f(f(x)f(y)) + f(x+y) = f(xy) \qquad \cdots (\sharp)$$

が成り立つものをすべて求めよ.

3. ハンターと見えないうさぎが平面上でゲームを行う. うさぎが最初にいる点 A_0 とハンターが最初にいる点 B_0 は一致している. $n-1$ 回のラウンドが終わった後，うさぎは点 A_{n-1} におり，ハンターは B_{n-1} にいる. n 回目のラウンドにおいて，次の3つが順に行われる：

(i) うさぎは A_{n-1} からの距離がちょうど1であるような点 A_n に見えないまま移動する.

(ii) 追跡装置がある点 P_n をハンターに知らせる. ただし，P_n と A_n の距離が1以下であるということだけが保証されている.

(iii) ハンターは B_{n-1} からの距離がちょうど 1 であるような点 B_n に周りから見えるように移動する.

うさぎがどのように移動するかにかかわらず,またどの点が追跡装置によって知らされるかにかかわらず,ハンターが 10^9 回のラウンドが終わった後にうさぎとの距離を必ず 100 以下にすることはできるか.

●第 2 日目:7 月 19 日 [試験時間 4 時間 30 分]

4.   円 Ω 上に RS が直径でないような異なる 2 点 R, S がある. Ω の R における接線を ℓ とする. 点 T は線分 RT の中点が S となるような点とする. Ω の劣弧 RS 上に点 J があり, 三角形 JST の外接円 Γ は ℓ と異なる 2 点で交わっている. A を Γ と ℓ の交点のうち R に近い方の点とする. 直線 AJ は K で Ω と再び交わっている. このとき, 直線 KT は Γ に接することを示せ.

5. N を 2 以上の整数とする. 身長が相異なる $N(N+1)$ 人のサッカー選手が 1 列に並んでいる. 鈴木監督は $N(N-1)$ 人の選手を列から取り除き, 残った $2N$ 人の選手からなる新たな列が次の N 個の条件をみたすようにしたい:

(1) 身長が最も高い 2 人の選手の間には誰もいない.

(2) 身長が 3 番目に高い選手と 4 番目に高い選手の間には誰もいない.

    $\vdots$

(N) 身長が最も低い 2 人の選手の間には誰もいない.

このようなことが必ず可能であることを示せ.

6.   順序づけられた整数の組 (x, y) が**原始的**であるとは, x と y の最大公約数が 1 であることをいう. 原始的な組からなる有限集合 S が与えられたとき, 正の整数 n と整数 $a_0, a_1, \cdots, a_n$ であって, S に含まれる任意の組 (x, y) に対して

178 第 5 部 国際数学オリンピック

$$a_0 x^n + a_1 x^{n-1} y + a_2 x^{n-2} y^2 + \cdots + a_{n-1} xy^{n-1} + a_n y^n = 1$$

をみたすようなものが存在することを示せ.

解答

【1】 a_0 が 3 の倍数であることが必要十分条件である.

証明 この問題は数値実験で答えを探すが,証明は次のようにする.

$0^2 \equiv 0, (\pm 1)^2 \equiv 1 \,(\mathrm{mod}\,3)$ となるので,$a_m \equiv -1 \,(\mathrm{mod}\,3)$ なら a_m は平方数ではない.また $m < n$ かつ $a_m = a_n$ となるなら,a_m から a_n が無限に繰り返すので条件に適する.とくに $a_m = 3$ なら,$a_{m+1} = 6, a_{m+2} = 9, a_{m+3} = 3$ となり条件に適する.以下,4 段階に分けて証明を行う.

(1) $a_m \equiv -1 \,(\mathrm{mod}\,3)$ となる m があれば,$a_n \,(n > m)$ も同じ性質を持ち,a_m 以降に平方数が出てこず,単調増加するので条件に適さない.

(2) もし,$a_m > 9$ かつ $a_m \not\equiv -1 \,(\mathrm{mod}\,3)$ なら,$\ell > m$ かつ $a_\ell < a_m$ となる ℓ が存在する.

なぜならば,t^2 を a_m より小さい最大の平方数とすると,$a_m > 9$ だから $t > 3$ である.ところが,a_m より大きな平方数として $(t+1)^2, (t+2)^2, (t+3)^2$ があるが,$a_m \not\equiv -1 \,(\mathrm{mod}\,3)$ はこれらのどれかと $\mathrm{mod}\,3$ で合同となり,a_m の後に $t+1, t+2, t+3 < t^2 < a_m$ のどれかが出てくるからである.

(3) a_m が 3 で割り切れるなら,それ以降の数も 3 で割りきれ,(2) より 9 以下の 3 の倍数 3 または 6 が現れ,$3, 6, 9$ が無限回現れ条件に適する.

(4) $a_m \equiv 1 \,(\mathrm{mod}\,3)$ とすると,$\ell > m$ で $a_\ell \equiv -1 \,(\mathrm{mod}\,3)$ となる ℓ が現れ,条件に適さない.

なぜなら,(4) の反例となる a_m があったとし,その中で最小の a_m を取る.$a_m = 1$ または $a_m = 4 = 2^2$ なら,その後 $a_\ell = 2 \equiv -1 \,(\mathrm{mod}\,3)$ となり,$a_m = 7$ なら a_n は $10, 13, 16, 4, 2 \equiv -1 \,(\mathrm{mod}\,3)$ となり,いずれも反例とはならない.そこで a_m が $a_m > 9$ かつ,すべての $a_\ell \,(\ell > m)$ は $a_\ell \equiv -1 \,(\mathrm{mod}\,3)$ をみたさないとする.このとき (2) で保証された $a_\ell < a_m$ は,3 では割り切れないから $a_\ell \equiv 1 \,(\mathrm{mod}\,3)$ となり,a_m の最小性に矛盾する. ∎

180　第 5 部　国際数学オリンピック

[注]　この問題では，$a_m + 3 \equiv a_m \,(\mathrm{mod}\,3)$ であり，とくに (i) a_m が 3 で割り
切れれば，a_{m+1} も 3 で割り切れること，(ii) $a_m \equiv -1\,(\mathrm{mod}\,3)$ なら a_m は平方
数ではないことなどが本質的であり，これらを使った証明はいろいろあり，必
ずしも (2) を使わなくても良い．なお，条件をみたすものの中で最小なものを
取って矛盾を導き，条件をみたすものが存在しないことを示す (4) のような証
明は，**無限降下法**と呼ばれ，整数問題でよく使われる．

【2】　$f(x) = 0,\ f(x) = x - 1,\ f(x) = 1 - x$ の 3 関数が解である．

証明　$f(x) = 0$ は明らかに (♯) をみたす．また，$f(x) = x - 1$ なら，

$$((x-1)(y-1) - 1) + (x + y - 1) = (xy - 1)$$

となり (♯) をみたす．さらに，$f(x)$ が (♯) の解なら $-f(x)$ も (♯) の解となるか
ら，$f(x) = -(x - 1) = 1 - x$ も (♯) の解となる．

もし $f(0) = 0$ なら，(♯) において $y = 0$ とおくと，$f(0) + f(x) = f(0)$ とな
り，$f(x) = 0$ となる．よって，以下では $f(0) \neq 0$ であるとする．

(♯) において $x = y = 0$ とおくと，

$$f\left(f(0)^2\right) = 0 \tag{1}$$

となるから，$f(a) = 0$ となる $a \in \mathbb{R}$ がある．

$x \neq 1$ かつ $x + y = xy$ とすると $y = x/(x - 1)$ となるから，(♯) に代入して

$$f\left(f(x)f\left(\frac{x}{x-1}\right)\right) = 0$$

が成り立つ．とくに $f(a) = 0, a \neq 1$ なら，$f(f(a)f(a/(a-1)) = f(0) = 0$ と
なり仮定 $f(0) \neq 0$ に矛盾する．(1) に注意して，以上の議論をまとめると，

$$f(1) = 0, \quad \text{かつ} \quad f(a) = 0 \quad \text{なら} \quad a = 1 \tag{2}$$

となる．したがって，(1) より $f(0)^2 = 1$ となり，$f(0) = \pm 1$ となる．よって

$$f(0) = -1 \tag{3}$$

であると仮定し，$f(x) = x - 1$ であることを示す．

(♯) において $y = 1$ とおくと，$f(f(x)f(1)) + f(x + 1) = f(x)$ となる．ここで
$f(1) = 0, f(0) = -1$ だから，$-1 + f(x + 1) = f(x)$ となり，任意の整数 n に対

して

$$f(x+n) = f(x) + n \tag{4}$$

となる. したがって, $f(a) = f(b)\,(a \neq b)$ なら, 任意の整数 N に対して,

$$f(a+N+1) = f(a) + N + 1 = f(b) + N + 1 = f(b+N) + 1 \tag{5}$$

が成り立つ. そこで, $N < -b$ となる N をとると, $(a+N+1)^2 - 4(b+N) > 0$ となるから, $x_0 + y_0 = a + N + 1,\ x_0 y_0 = b + N$ となる $x_0, y_0 \in \mathbb{R}$ が取れる. ここで $x_0 = 1$ なら $a + N = y_0 = b + N$ となり仮定 $a \neq b$ に矛盾する. よって $x_0 \neq 1, y_0 \neq 1$ であり, (2) より $f(x_0) \neq 0, f(y_0) \neq 0$ である.

(♯) において $x = x_0, y = y_0$ とすると, x_0, y_0 の取り方より

$$f\left(f(x_0)f(y_0)\right) + f(a+N+1) = f(b+N)$$

となり, (5) より $f(f(x_0)f(y_0))+1 = 0$ となる. よって (4) より $f(f(x_0)f(y_0) + 1) = 0$ となり, (2) より $f(x_0)f(y_0) = 0$ となる. これは $f(x_0) \neq 0, f(y_0) \neq 0$ だから矛盾である. よって f は単射 ($a \neq b$ なら $f(a) \neq f(b)$) である.

t を任意の実数とし, (♯) において $(x, y) = (t, -t)$ とおくと, $f(f(t)f(-t)) + f(0) = f(-t^2)$ となり, $f(0) = -1$ と (4) より $f(f(t)f(-t)) = f(-t^2) + 1 = f(-t^2 + 1)$ となる. よって f の単射性より,

$$f(t)f(-t) = -t^2 + 1$$

となる. 同様に, $(x, y) = (t, 1-t)$ とおくと, $f(f(t)f(1-t)) + f(1) = f(t(1-t))$ となり, $f(1) = 0$ だから, f の単射性より

$$f(t)f(1-t) = t(1-t)$$

となる. ところが, (4) より $f(1-t) = 1 + f(-t)$ だから, $f(t) + f(t)f(-t) = t(1-t)$ となり, $f(t) + (-t^2 + 1) = t(1-t)$ となるから,

$$f(t) = t - 1$$

となる. これで証明が完成した.

[注] 関数等式の証明では, 単射性や全射性を示すのが常套手段であり, この問題は単射性を使うが, その証明がかなり難しい. このような問題に慣れて

182　第 5 部　国際数学オリンピック

いない人には，解くのは難しかったと思われる．

【3】　　ハンターはうさぎとの距離を 100 以下にすることはできない.

　証明　うさぎとハンターが m 回移動した後のうさぎとハンターの距離を d_m とする. $d_m > 100$ ならば，うさぎがハンターと反対方向に移動し続けると，ハンターが追いかけても距離は短くならず，ハンターはうさぎから 100 以内に近づけない. よって，$d_m \leqq 100$ とする.

　座標の原点を B_m にし，$B_m A_m$ を x 軸とする. したがって，うさぎは最初 $A_m(d_m, 0)$ にいるとして，距離が 200 離れた点 $(d_m + \sqrt{200^2 - 1}, \pm 1)$ のどちらかに向かって 200 回跳び，追跡装置はうさぎの座標を x 軸上に射影した点を示すとする. このときハンターは，うさぎが x 軸の上にいるか下にいるか分からないので，うさぎの x 座標が増えているという追跡装置の情報にしたがい，x 軸の正の方向に 200 回移動するしかない.

　このようにして，200 回移動した後のうさぎとハンターの距離 d_{m+200} は，$\varepsilon = 200 - \sqrt{200^2 - 1}$ とおくと，$d_{m+200} = \sqrt{(d_m - \varepsilon)^2 + 1}$ となる. ここで

$$\varepsilon = \frac{200^2 - (200^2 - 1)}{200 + \sqrt{200^2 - 1}} = \frac{1}{200 + \sqrt{200^2 - 1}} < \frac{1}{300}$$

である. よって

$$(d_{m+200})^2 = (d_m - \varepsilon)^2 + 1 > d_m^2 - 2 d_m \varepsilon + 1 > d_m^2 - \frac{200}{300} + 1 = d_m^2 + \frac{1}{3}$$

となり，ハンターとうさぎの距離が増える. そこでこのような 200 回跳びを 3×10^4 回 (6×10^6 ラウンド) 繰り返すと，うさぎとハンターの距離の 2 乗が $10^4 = (100)^2$ より大きくなり，ハンターはうさぎに追いつけなくなる.

【4】　**証明**　R, K, S, J は同一円周 Ω 上にあり，A, J, S, T は同一円周 Γ 上にあるから，円周角の定理により $\angle KRS = \angle KJS = \angle ATS = \angle ATR$ である. よって $AT \parallel RK$ である.

　S に関し A と対称な点を B とおく. このとき，S は線分 AB と線分 RT の中点となるから，$ATBR$ は平行四辺形となり，K は直線 RB 上にある.

　ところが，ℓ は R で円 Ω に接するから，$\angle RKS = \angle SRA = \angle TRA = \angle RTB$ で

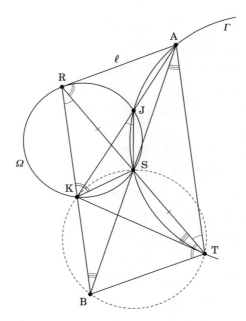

あるから，S, T, B, K は同一円周上にある．よって ∠STK = ∠SBK = ∠ABR = ∠BAT となる．よって直線 KT は $\varGamma$ に接する．

[注] この問題には，平行四辺形を使う代わりに，△ART と △SKR が相似となり，その相似比を使って △AST と △TKR が相似となることを示す解き方もある．

【5】 選手の列を S とおく．選手の身長は相異なるから，身長により選手を指定することができることに注意しておく．

選手の列 S を前から $N+1$ 人毎に N 個のグループに分け，第 j $(1 \leqq j \leqq N)$ 番目のグループの人の身長 $x_{i,j}$ $(1 \leqq i \leqq N+1)$ を $(N+1) \times N$ 型の行列 A の j 列に書き込み，この行列を参考にしながら求める列を作る．

先ず，この行列の各列の成分を選手の身長の大きさ順に並べ替える．

次に，第 2 行で一番大きな身長が第 1 列に来るように A の列の置き換えを行う．これで第 1 列では $x_{1,1} > x_{2,1}$ となり，さらに $x_{2,1} > x_{2,j}$ $(2 \leqq j \leqq N)$ と

なる．そこで $N(N+1)$ 人の選手が並んだ列 S から，$x_{1,1}$ と $x_{2,1}$ 以外の身長 $x_{i,1}\,(i \neq 1, 2)$ を持つ $N-1$ 人を除く．

次に，第 3 行の 2 列目以降において $x_{3,2}$ が一番大きくなるように A の第 2 列から第 N 列の入れ替えを行う．これで，第 2 列では $x_{2,2} > x_{3,2}$ かつ $x_{3,2} > x_{3,j}\,(3 \leqq j \leqq N)$ となる．そこで，S において第 2 列に身長がある選手から $x_{2,2}$ と $x_{2,3}$ 以外の身長を持つ $N-1$ 人を除く．

この手続きを繰り返し，最後に残った $2N$ 人の選手からなる列 F を考える．このとき，$2N$ 人の列 F では身長 $x_{1,1}$ が最も大きく，その次には $x_{2,1}$ が大きく，その次には $x_{2,2}$ が大きく，その次には $x_{3,2}$ が大きく，$\cdots$，最後に $x_{N,N}$ が $x_{N+1,N}$ より大きくなる．

最初に並んでいた $N(N+1)$ 人の列 S で，身長 $x_{1,1}$ と身長 $x_{2,1}$ を持つ人の間に入っていた人は同じグループに属し，そのグループからは身長 $x_{1,1}$ と身長 $x_{2,1}$ を持つ人以外はすべて取り除かれたから，できあがった $2N$ 人の列 F で，一番背の高い人と 2 番目に背が高い人の間には他の人が入らない．

同様に，$2N$ 人の列 F で 3 番目に背の高い人と 4 番目に背の高い人は同じグループに属し，そのグループからは 3 番目に背が高い人と 4 番目に背が高い人以外はすべて取り除かれたから，できあがった $2N$ 人の列 F では，3 番目に背の高い人と 4 番目に背の高い人の間には他の人は入らない．

このような手続きを繰り返すことで，上記のようにして作った $2N$ 人の列 F は求める性質を持つことが分かる．

$$
\begin{array}{ccccccc}
x_{1,1} & & x_{1,2} & x_{1,3} & \cdots & x_{1,N-1} & x_{1,N} \\
\lor & & \lor & \lor & & \lor & \lor \\
x_{2,1} & > & x_{2,2} & x_{2,3} & \cdots & x_{2,N-1} & x_{2,N} \\
\lor & & \lor & \lor & & \lor & \lor \\
x_{3,1} & & x_{3,2} & > \; x_{3,3} & \cdots & x_{3,N-1} & x_{3,N} \\
\lor & & \lor & \lor & & \lor & \lor \\
\vdots & & \vdots & \vdots & \ddots & \vdots & \vdots \\
\lor & & \lor & \lor & & \lor & \lor \\
x_{N,1} & & x_{N,2} & x_{N,3} & \cdots & x_{N,N-1} & > \; x_{N,N} \\
\lor & & \lor & \lor & & \lor & \lor \\
x_{N+1,1} & & x_{N+1,2} & x_{N+1,3} & \cdots & x_{N+1,N-1} & x_{N+1,N}
\end{array}
$$

5.4. IMO 第 58 回 ブラジル大会 (2017) 185

[注]　この問題にはいろいろな解き方がある.

【6】　S の元の個数 m に関する数学的帰納法で証明する.

$m = 1$ で S が唯一つの元 (x, y) からなる場合には，x, y の最大公約数が 1 だから，整数 c, d で $cx + dy = 1$ となるものが存在する.

そこで，S の元の個数が $m - 1$ 以下の場合には題意を満たすような多項式が存在すると仮定し，S の元の個数が m の場合に証明する.

$$S = \{(x_i, y_i) \mid 1 \leqq i \leqq m\}$$

を m 個の相異なる原始的な整数の組とし，$T = \{(x_i, y_i) \mid 1 \leqq i \leqq m - 1\}$ とおく. S の元 (x_n, y_n) は原始的だから，整数の組 (c, d) で $cx_n + dy_n = 1$ となるものが存在する.

帰納法の仮定により，

$$g(x, y) = a_0 x^n + a_1 x^{n-1} y + a_2 x^{n-2} y^2 + \cdots + a_{n-1} xy^{n-1} + a_n y^n$$

(n は正整数，$a_0, a_1, \cdots, a_n$ は整数) で，任意の T の元 (x_i, y_i) $(1 \leqq i \leqq m - 1)$ に対し $g(x_i, y_i) = 1$ となるものが存在する.

$$h(x, y) = \prod_{i=1}^{m-1} (y_i x - x_i y)$$

とおくと，$h(x_j, y_j) = \prod_{i=1}^{m-1} (y_i x_j - x_i y_j) = 0 \, (1 \leqq j \leqq m - 1)$ となる.

$h(x_n, y_n) = 0$ ならば, ある i に対し $y_i x_n - x_i y_n = 0$ となるが, $(x_i, y_i), (x_n, y_n)$ は原始的だから，素因数分解の一意性により $(x_n, y_n) = (-x_i, -y_i)$ となる. この場合には $g(x_n, y_n) = (-1)^n g(x_i, y_i) = \pm 1$ となり，$g(x, y)^2$ が題意をみたす. よって以下 $a = h(x_n, y_n) \neq 0$ であると仮定して証明する.

$$f(x, y) = g(x, y)^K - C \cdot h(x, y) \cdot (cx + dy)^L$$

(K は自然数，$L = nK - (m - 1)$, C は整数) で，題意をみたすものを探す.

$nK \geqq m - 1$ なら $f(x, y)$ は整数係数の nK 次の同次多項式で，

$$f(x_i, y_i) = g(x_i, y_i) = 1 \qquad (1 \leqq i \leqq m - 1)$$

となる. また，$g(x_n, y_n)$ は整数で，

$$f(x_n, y_n) = g(x_n, y_n)^K - C \cdot h(x_n, y_n) \cdot (cx_n + dy_n)^L = g(x_n, y_n)^K - C \cdot a$$

となる.

整数 $a = \displaystyle\prod_{i=1}^{m-1} (y_i x_n - x_i y_n)$ を割り切る素数 p を取る. このとき, p はある i に対し $y_i x_n - x_i y_n$ を割り切るから, $y_i x_n - x_i y_n \equiv 0 \,(\mathrm{mod}\,p)$ となる.

ここで $y_i x_n \equiv x_i y_n \equiv 0 \,(\mathrm{mod}\,p)$ なら, $(x_i, y_i), (x_n, y_n)$ は原始的だから,

(i) $p|y_i \Rightarrow p \nmid x_i \Rightarrow p|y_n \Rightarrow p \nmid x_n$, \qquad (ii) $p|x_n \Rightarrow p \nmid y_n \Rightarrow p|x_i \Rightarrow p \nmid y_i$

となる. ところが, $g(x_i, y_i) = a_0 x_i^n + a_1 x_i^{n-1} y_i + \cdots + a_{n-1} x_i y_i^{n-1} + a_n y_i^n = 1$ だから, 上の (i) または (ii) の場合には,

$$x_i^n g(x_n, y_n) = g(x_i x_n, x_i y_n) \equiv a_0 x_i^n x_n^n \equiv x_n^n \not\equiv 0 \,(\mathrm{mod}\,p) \;\cdots\; \text{(i) の場合},$$

$$y_i^n g(x_n, y_n) = g(y_i x_n, y_i y_n) \equiv a_n y_i^n y_n^n \equiv y_n^n \not\equiv 0 \,(\mathrm{mod}\,p) \;\cdots\; \text{(ii) の場合}$$

となり, いずれも $p \nmid g(x_n, y_n)$ となる.

また $y_i x_n \equiv x_i y_n \not\equiv 0 \,(\mathrm{mod}\,p)$ なら, $\zeta = x_n/x_i \equiv y_n/y_i \not\equiv 0 \,(\mathrm{mod}\,p)$ とおくと, $(x_n, y_n) \equiv (\zeta x_i, \zeta y_i) \,(\mathrm{mod}\,p)$ となるから, $g(x_n, y_n) \equiv g(\zeta x_i, \zeta y_i) \equiv \zeta^n g(x_i, y_i) = \zeta^n \not\equiv 0 \,(\mathrm{mod}\,p)$ となり, やはり $p \nmid g(x_n, y_n)$ となる.

以上で p は任意の a の素因数だから, a と $g(x_n, y_n)$ は互いに素となる.

そこで $a = p_1^{e(1)} \cdot p_2^{e(2)} \cdots p_t^{e(t)}$ を a の素因数分解とする. このとき K を $(p_1 - 1)p_1^{e(1)-1} \cdot (p_2 - 1)p_2^{e(2)-1} \cdot \cdots \cdot (p_t - 1)p_t^{e(t)-1}$ の倍数とすると, フェルマーの小定理により,

$$g(x_n, y_n)^K \equiv 1 \,(\mathrm{mod}\,a)$$

となる [1]. このとき, $g(x_n, y_n)^K - 1$ は a で割り切れるから, $f(x_n, y_n)^K - C \cdot a = 1$ となる整数 C が存在する. これで帰納法が完成し, 証明ができた.

[注] 上と同様にして, $(x_i, y_i) \neq (-x_j, -y_j)\,(i \neq j)$ となると仮定する.

$(x_i, y_i)\,(1 \leqq i \leqq m)$ は原始的だから, $c_i x_i + d_i y_i = 1$ となる整数 c_i, d_i がある.

---

[1] a を自然数とし, a と互いに素な整数の $\mathrm{mod}\,a$ の全体は, 乗法に関して有限個の元からなる群をなす. また, この群の元の個数を K とすると, 任意のこの群の元 $x\,(\mathrm{mod}\,a)$ は $x^K \equiv 1\,(\mathrm{mod}\,a)$ をみたす.

$l_j(x,y) = y_j x - x_j y \ (1 \leqq j \leqq m)$, $g_i(x,y) = \displaystyle\prod_{j \neq i} l_j(x,y)$ とおくと，$g_i(x_j, y_j) = 0 \ (j \neq i)$ となる．仮定より，$a_i = g_i(x_i, y_i) \neq 0$ となり，a を $a_i \ (1 \leqq i \leqq m)$ の最小公倍数する．

このとき，フェルマーの小定理を使い，整数係数の同次式 $f_a(x,y)$ で任意の原始的な (x,y) に対して $f_a(x,y) \equiv 1 \pmod{a}$ となるものを作り，$f_a(x,y)$ から $g_i(x,y)(c_i x + d_i)^N$ の整数係数の和を引いて求める多項式を作る方法もある．

5.5 IMO 第59回 ルーマニア大会 (2018)

●第1日目：7月9日 [試験時間4時間30分]

1. 鋭角三角形 ABC の外接円を Γ とする．点 D, E をそれぞれ線分 AB, AC 上に AD = AE となるようにとる．BD の垂直二等分線と Γ の劣弧 $\overset{\frown}{AB}$ の交点を F, CE の垂直二等分線と Γ の劣弧 $\overset{\frown}{AC}$ の交点を G とするとき，直線 DE, FG は平行 (または同一の直線) であることを示せ．

2. 3 以上の整数 n で，次の条件をみたす $n+2$ 個の実数 $a_1, a_2, \cdots, a_{n+2}$ が存在するものをすべて求めよ．

- $a_{n+1} = a_1, \ a_{n+2} = a_2$

- $i = 1, 2, \cdots, n$ に対して， $a_i a_{i+1} + 1 = a_{i+2}$

3. **反パスカル的三角形** とは，一番下の行以外の数はそのすぐ下のふたつの数の差の絶対値になるように正三角形状に数を並べた配列を指す．たとえば，以下の配列は 1 以上 10 以下の整数をすべて使った 4 行からなる反パスカル的三角形である．

$$
\begin{array}{ccccccc}
 & & & 4 & & & \\
 & & 2 & & 6 & & \\
 & 5 & & 7 & & 1 & \\
8 & & 3 & & 10 & & 9
\end{array}
$$

2018 行からなる反パスカル的三角形であって，1 以上 $1+2+\cdots+2018$ 以下の整数をすべて使うものは存在するか？

●第 2 日目：7 月 10 日 [試験時間 4 時間 30 分]

4.　　**サイト**とは，x, y 座標がともに 20 以下の正の整数であるような平面上の点を指す.

　　最初，400 個すべてのサイトは空である. エイミーとベンは，エイミーから始めて交互に石を置いていく. エイミーのターンには，エイミーは空のサイトをひとつ選び，新しい赤い石を置く. このとき，赤い石の置かれたどの 2 つのサイト間の距離も，ちょうど $\sqrt{5}$ になってはいけない. ベンのターンには，ベンは空のサイトをひとつ選び，新しい青い石を置く. 青い石の置かれたサイトと他の空でないサイト間の距離は任意である. エイミーとベンのどちらかがこれ以上石を置けなくなったら，2 人は即座に石を置くのをやめる.

　　ベンの行動によらずエイミーが少なくとも K 個の赤い石を置けるような K の最大値を求めよ.

5.　　$a_1, a_2, \cdots$ を正の整数列とする. ある 2 以上の整数 N が存在し，任意の $n \geqq N$ に対し

$$\frac{a_1}{a_2} + \frac{a_2}{a_3} + \cdots + \frac{a_{n-1}}{a_n} + \frac{a_n}{a_1}$$

は整数である. このとき，正の整数 M が存在し，任意の $m \geq M$ に対し $a_m = a_{m+1}$ が成立することを示せ.

6.　　凸四角形 ABCD が AB·CD = BC·DA をみたす. 点 X が四角形 ABCD の内部にあり，

$$\angle XAB = \angle XCD, \quad \angle XBC = \angle XDA$$

をみたす. このとき，$\angle BXA + \angle DXC = 180°$ を示せ. ただし，XY で線分 XY の長さを表すものとする.

解答

【1】 以下円弧は劣弧を指すものとする．P を円弧 $\overset{\frown}{BC}$ の中央の点とする．このとき AP は ∠BAC の二等分線であり，2等辺三角形 DAE において AP ⊥ DE となる．したがって，AP ⊥ FG を証明すれば十分である．

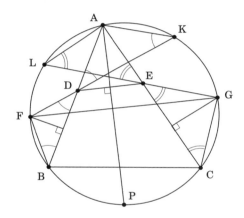

直線 FD と円 Γ の F 以外の交点を K と置く．このとき，FBD は2等辺三角形だから，

$$\angle AKF = \angle ABF = \angle FDB = \angle ADK$$

となり，AK = AD となる．同様にして，直線 GE と円 Γ の E 以外の交点を L とおくと，AL = AE となるから，AK = AL となる．

ここで ∠FBD = ∠FDB = ∠FAD + ∠DFA だから，$\overset{\frown}{AF} = \overset{\frown}{BF} + \overset{\frown}{AK} = \overset{\frown}{BF} + \overset{\frown}{AL}$ となり，$\overset{\frown}{BF} = \overset{\frown}{LF}$ となる．同様にして，$\overset{\frown}{CG} = \overset{\frown}{GK}$ となる．よって AP と FG のなす角は，対応する Γ の弧長が

$$\frac{1}{2}(\overset{\frown}{AF} + \overset{\frown}{PG}) = \frac{1}{2}(\overset{\frown}{AL} + \overset{\frown}{LF} + \overset{\frown}{PC} + \overset{\frown}{CG}) = \frac{1}{4}(\overset{\frown}{KL} + \overset{\frown}{LB} + \overset{\frown}{BC} + \overset{\frown}{CK})$$

であるから，$360°/4 = 90°$ となる．

(証明終り)

[注] この問題には，いろいろな証明法がある．

【2】 n は任意の 3 の倍数である．

証明 $a_1 = -1, a_2 = -1, a_3 = 2, \cdots, a_{n-2} = -1, a_{n-1} = -1, a_n = 2, a_{n+1} = -1, a_{n+2} = -1$ なる列は条件をみたすから，任意の 3 の倍数 n は条件をみたす．

次に，$a_1, a_2, a_3, \cdots, a_{n+1}, a_{n+2}$ が条件をみたすとすると，$a_{n+1} = a_1, a_{n+2} = a_2$ だから，この数列を周期 n を持つ長さ無限の数列に拡張しておく．

もし a_i, a_{i+1} が共に正なら，$a_{i+2} = a_i a_{i+1} + 1 \geqq a_{i+1} + 1$ となり，$a_{i+j} (j \geqq 2)$ は単調増加するが，作り方より a_{i+j} は周期 n を持ち有界だから，矛盾する．

もし，$a_i = 0$ となるなら，$a_{i+1} = a_{i-1} a_i + 1 = 1, a_{i+2} = a_i a_{i+1} + 1 = 1$ となり，2 つ続けて正だから，条件に適さない．

もし a_i, a_{i+1} が共に負なら，$a_{i+2} = a_i a_{i+1} + 1 \geqq 2$ は正となる．もし a_i が負で a_{i+1} が正なら，$a_{i+2} = a_i a_{i+1} + 1 \leqq 0, \neq 0$ となり，a_{i+2} は負となる．もし a_i が正で a_{i+1} が負なら，$a_{i+2} = a_i a_{i+1} + 1 \leqq 0, \neq 0$ となり，a_{i+2} は負となる．

以上より a_i の符号は，負，負，正，負，負，正を繰り返す．したがって n が 3 の倍数であることが分かり，証明が完成した．

[注] $\sum_{i=1}^{n} (a_i - a_{i+3})^2 = 0$ を使って n が 3 の倍数であることを証明することもできる．

【3】 存在しない．

証明 $n = 2018$ 行からなる反パスカル的三角形 T であって，1 以上 $1 + 2 + \cdots + n$ 以下の整数をすべて使うものが存在したとする．

三角形の一番上にある数を $a_1 = b_1$ とする．このとき，2 番目の行にある 2 つの数の小さい方を a_2，大きい方を b_2 とすると，$b_2 - a_2 = a_1$ となるから，$b_2 = a_1 + a_2$ となる．次に上から 3 行目で b_2 の下にある数で小さい方を a_3，大きい方を b_3 とすると，$b_3 = b_2 + a_3 = a_1 + a_2 + a_3$ となる．この手続きを繰り返して，$a_1, a_2, \cdots, a_n$ と $b_1, b_2, \cdots, b_n$ を作る．

$a_1, a_2, \cdots, a_n$ は 1 以上 n 以下の相異なる n 個の数であり，$b_n = a_1 + a_2 +$

$\cdots + a_n \leqq 1 + 2 + \cdots + n$ であるから，$b_n = 1 + 2 + \cdots + n$ となり，集合として $\{a_1, a_2, \cdots, a_n\} = \{1, 2, \cdots, n\}$ が成り立つ．また，a_n, b_n は一番下の行に隣り合って並ぶ．

そこで，T の最下行から a_n, b_n を除いてできる 2 つの列のうち長い方を底辺とする，元の三角形 T に含まれる反パスカル的三角形 T′ を考える．

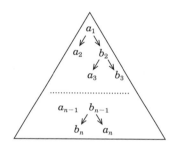 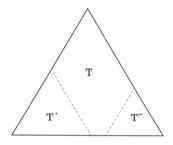

この三角形が ℓ 行からなるとすると，作り方より $\ell \geqq (n-2)/2$ となる．さらに，この三角形に含まれる数は $1, 2, \cdots, n$ 以外の数だから，$n+1$ 以上である．そこで T′ について T と同様の数列 $a'_1, a'_2, \cdots, a'_\ell$ と $b'_1, b'_2, \cdots, b'_\ell$ を作ると，

$$b'_\ell = a'_1 + a'_2 + \cdots + a'_\ell \geqq \frac{(n+1) + (n+2) + \cdots + (n+\ell)}{2} \geqq \frac{5n(n-2)}{8}$$

となるが，この数は $n = 2018$ のとき $1 + 2 + \cdots + n = \dfrac{n(n+1)}{2}$ より大きくなり，矛盾する． (証明終り)

【4】 K の最大値は，$20^2/4 = 100$ である．

100 以上であることの証明 サイト (x, y) を $x + y$ が奇数であるか偶数であるかにより，奇数のサイト，偶数のサイトと呼ぶ．もし二つのサイト (x, y) と (x', y') の間の距離が $\sqrt{5}$ なら，$(x - x')^2 + (y - y')^2 = 5$ となるから，$x - x', y - y'$ の一方は ± 1 で他方は ± 2 となる．したがって，距離が $\sqrt{5}$ の 2 つのサイトの間の奇偶は逆となる．そこでエイミーは偶数のサイトを選び続けると，それまで置いた石との距離が $\sqrt{5}$ となることはない．したがって，ベンと交代で石を置くことを考えても，偶数のサイトの個数 $20^2/2$ の半分である $20^2/4 = 100$ 個にエイミーは石を置くことができる．したがって K の最大値は 100 以上で

ある.

100 を越さないことの証明 $20^2 = 400$ のサイトを縦横とも 4 の $400/4^2$ 個の小ブロックに分ける. さらに, 各々の小ブロックを以下のような 4 つのサイトからなる 4 つの**サイクル**に分ける.

a	b	c	d
c	d	a	b
b	a	c	d
c	d	b	a

この分け方で a, b, c, d の同じ文字が入ったサイトは**同じサイクルに入る**ということにする. このようにすると, 各サイクルには奇数のサイトが 2 個, 偶数のサイトが 2 個含まれており, 各サイクルの 1 つのサイトから 2 つある偶奇が異なるサイトまでの距離は, ちょうど $\sqrt{5}$ となっている.

ベンはエイミーに 100 以上の石を置かせないため, エイミーがあるブロックのあるサイクルのサイトに赤石を置いたら, 同じブロックの同じサイクルの偶奇が同じサイトに青石を置くことにする. このようにすると, エイミーが 100 個のサイトに赤石を置き, ベンが 100 個のサイトに青石を置くと, すべてのブロックのすべてのサイクルにエイミーが赤石を置いており, その石と偶奇が異なるサイトのみが残っていることになる. しかし距離の関係から, そのようなサイトにエイミーは赤石を置くことができない. したがって, K の最大値は 100 となる.   (証明終り)

【5】 $n \geqq N$ とすると,

$$s_n = \frac{a_1}{a_2} + \frac{a_2}{a_3} + \cdots + \frac{a_{n-1}}{a_n} + \frac{a_n}{a_1}$$

は整数となる. したがって,

$$s_{n+1} - s_n = \frac{a_n}{a_{n+1}} + \frac{a_{n+1}}{a_1} - \frac{a_n}{a_1} = \frac{a_n}{a_{n+1}} + \frac{a_{n+1} - a_n}{a_1}$$

が整数となる. ここでつぎの補題が成り立つ.

補題 a, b, c を自然数とし, $M = b/c + (c - b)/a$ が整数だとする. このとき,

194 第 5 部 国際数学オリンピック

(1) もし a, c の最大公約数 $\gcd(a, c)$ が 1 なら，c は b を割り切る．

(2) もし a, b, c の最大公約数 $\gcd(a, b, c)$ が 1 なら，a, b の最大公約数 $\gcd(a, b)$ が 1 となる．

補題の証明　(1)　$ab = c(aM + b - c)$ において $\gcd(a, c) = 1$ だから，c は b を割り切る．

(2)　$c^2 - bc = a(cM - b)$ だから，$d = \gcd(a, b)$ とおくと d は c^2 を割り切るが，$\gcd(d, c) = \gcd(a, b, c) = 1$ だから，$d = 1$ となる．　　　　（補題の証明終り）

$n \geqq N$ とし，$d_n = \gcd(a_1, a_n), \delta_n = \gcd(a_1, a_n, a_{n+1})$ とおく．

$$s_{n+1} - s_n = \frac{a_n/\delta_n}{a_{n+1}/\delta_n} + \frac{a_{n+1}/\delta_n - a_n/\delta_n}{a_1/\delta_n}$$

において補題の (2) を使うと，$\gcd(a_1/\delta_n, a_n/\delta_n, a_{n+1}/\delta_n) = 1$ だから，$\gcd(a_1/\delta_n, a_n/\delta_n) = 1$ となる．よって $d_n = \delta_n \cdot \gcd(a_1/\delta_n, a_n/\delta_n) = \delta_n$ となる．よって $d_n = \delta_n$ は a_{n+1} を割り切り，d_n は $d_{n+1} = \gcd(a_1, a_{n+1})$ を割り切る．したがって，$d_n \, (n \geqq N)$ は a_1 以下の数からなる単調増大列となり，$n \geqq L$ において $d_n = d$ となる L が存在する．

このとき，$\gcd(a_1/d, a_n/d) = 1$ となるから，補題の (1) より $a_{n+1}/d = a_{n+1}/\delta_n$ は $a_n/d = a_n/\delta_n$ を割り切り，$a_n \geqq a_{n+1} \, (n \geqq L)$ となる．したがって $a_n \, (n \geqq L)$ は自然数の単調減少列だから，ある自然数 M があり，任意の $m \geqq M$ では $a_m = a_{m+1}$ となる．

[注]　この問題は，各素数 p について p の何乗で割り切れるかを計算すると，補題などがほぼ自明となり，見通しが良くなる．

【6】　∠AXC の 2 等分線に関し B を折り返した点を B$'$ とおくと，∠AXB$'$ = ∠CXB, ∠AXB = ∠CXB$'$ が成り立つ．もし B$'$, X, D が一直線上にあれば，∠AXB + ∠CXD = ∠B$'$XC + ∠CXD = ∠B$'$XD = 180$°$ が成り立つから，そうではないとして矛盾を導く．

直線 XB$'$ 上に XE $\cdot$ XB = XA $\cdot$ XC をみたす点 E をとると，△AXE $\sim$ △BXC, △CXE $\sim$ BXA が成り立つ．ここで，∠XCE + ∠XCD = ∠XBA + ∠XAB < 180$°$, ∠XAE + ∠XAD = ∠XDA + ∠XAD < 180$°$ となるから，点 X

は四角形 EADC の ∠ECD と ∠EAD の内側にある．さらに，X は △EAD と △ECD の 1 方の内部にあり，残りの三角形の外部にある．

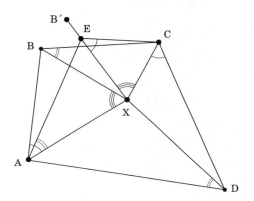

上で述べた二つの相似性より，XA · BC = XB · AE, XB · CE = XC · AB となる．また仮定より，AB · CD = BC · DA が成り立つ．よって，XA · BC · CD · CE = XB · AE · CD · CE = XC · AE · CD · AB = XC · AE · BC · DA となるから，XA · CD · CE = XC · AD · AE となる．これを書き直すと，

$$\frac{\text{XA} \cdot \text{DE}}{\text{AD} \cdot \text{AE}} = \frac{\text{XC} \cdot \text{DE}}{\text{CD} \cdot \text{CE}}$$

となる．ここで次の補題を証明する．

補題 PQR を三角形とし，X を角 ∠QPR 内の点で，∠QPX = ∠PRX をみたすとする．このとき不等式

$$\frac{\text{PX} \cdot \text{QR}}{\text{PQ} \cdot \text{PR}} < 1$$

は，X が △PQR の内部にあるとき，そのときに限り成り立つ．

この補題が成り立つとすると，B′, X, D が一直線上にないと仮定したから，X は △EAD と △ECD の一方の内部にあり，上記の等式の一方のみが 1 より小さくなり矛盾し，証明は完成する．

補題の証明 角領域 QPR 内における ∠QPX = ∠PRX となる X の軌跡は，R を通り点 P において直線 PQ に接する円 γ の弧 α をなす．γ が直線 QR と

交わるもう一つの点を Y とおく (γ が P において直線 QR と接するなら Y = P とおく). このとき, $\triangle$QPY $\sim$ $\triangle$QRP だから, PY = (PQ·PR)/QR となる. したがって, PX < PY が X が三角形 PQR の内部にあるとき, そのときに限り成り立つことを言えばよい.

ℓ を Y を通り PQ に平行な直線とする. このとき, γ 上の点 Z で PZ < PY となる点は, 直線 PQ と ℓ の間にあることに注意しておく.

(1) Y が線分 QR の上にある場合 (下図左参照)

この場合に Y は, 円弧 γ を $\widehat{PY}$ と $\widehat{YR}$ に分ける. $\widehat{PY}$ は三角形 PQR 内にあり, $\widehat{PY}$ は ℓ と直線 PQ の間にあるから, X $\in \widehat{PY}$ なら PX < PY となる. また, 円弧 $\widehat{YR}$ については, 三角形 PQR の外にあり, $\widehat{YR}$ は ℓ に関して P と反対側にあるから, X $\in \widehat{YR}$ なら PX > PY となる.

(2) Y が線分 QR の延長線上にある場合 (下図右参照)

この場合には, 円弧 α の全体が三角形 PQR の内部にあり, X $\in \alpha$ なら PX < PY となる. (補題の証明終り)

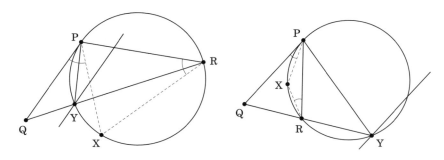

[注] この問題は, $\angle$XAB = $\angle$XCD かつ $\angle$XBC = $\angle$XDA なら, $\angle$CXA, $\angle$BXD の大きさは X の取り方によらず一定であり, したがって, X は凸四角形 ABCD 内において一意的に定まる. そのことと, AB·CD = BC·DA を使ってこの問題を解くことも可能である.

第6部

付録

6.1　日本数学オリンピックの記録

●第 28 回日本数学オリンピック予選結果

得点	人数	累計	ランク (人数)
12	0	0	A
11	0	0	228
10	10(1)	10	
9	24(2)	34	
8	71(1)	105	
7	123(1)	228	
6	228	456	
5	365	821	B
4	622	1443	2048
3	833	2276	
2	993	3269	C
1	699	3968	1812
0	120	4088	
欠席	327(1)	4415	( ) 内予選免除者

応募者総数：4415

男：3581

女： 834

高校 3 年生　　24

2 年生　2380

1 年生　1932

中学 3 年生　　60

2 年生　　4

1 年生　　5

小学生　　　　1

その他　　　　9

●第 28 回 日本数学オリンピック A ランク (予選合格) 者一覧 (228 名)

氏名	学 校 名	学年	氏名	学 校 名	学年
藤井 天守	北嶺高等学校	高2	増永 裕太	聖光学院高等学校	高2
佐々木 大夢	北嶺高等学校	高1	浜口 広樹	開成高等学校	高1
白戸 庸介	弘前高等学校	高2	高木 尚哉	群馬県立中央中等教育学校	高2
梶谷 優貴	秋田高等学校	高2	河津 遼佑	市川 (学園) 高等学校	高1
柏倉 伶音	山形東高等学校	高2	本間 甲也	渋谷教育学園幕張高等学校	高2
加賀 凜大	山形東高等学校	高3	楊 健宇	開智高等学校	高2
岩井 千祐	安積高等学校	高2	工藤 義也	開智高等学校	高2
古戸 喜紀	安積高等学校	高2	宿田 彩斗	開成中学校	中3
藤田 葵	安積高等学校	高1	宮本 卓英	開成高等学校	高2
櫻井 徳志	鶴岡南高等学校	高2	米田 寛峻	開成中学校	中3
荒井 大和	宇都宮高等学校	高2	和田 怜士	開成中学校	中3
龍海 暢輝	渋谷教育学園幕張高等学校	高2	新居 智将	開成高等学校	高2
森 敦稔	わせがく高等学校	高2	猪狩 恒貴	開成高等学校	高2
仲野 力	開成高等学校	高2	小松 奏晴	開成高等学校	高2
鈴木 裕介	西武学園文理高等学校	高2	丹谷 恒太	駒場東邦高等学校	高1
浅野 陽一	攻玉社高等学校	高1	丹戸 渉	早稲田実業学校高等部	高1
片淵 日向子	桜蔭高等学校	高2	松山 紘也	麻布中学校	中3
坂本 平蔵	筑波大学附属高等学校	高1	青木 英斗	麻布高等学校	高2
津田 薫	海城高等学校	高1	秋山 信	麻布高等学校	高2
朝永 龍	相模原中等教育学校	高2	佐藤 颯	麻布高等学校	高1
木村 太一	攻玉社高等学校	高2	釜堀 恵輔	早稲田高等学校	高2
山田 耀	筑波大学附属駒場高等学校	高1	藤島 圭吾	早稲田高等学校	高2
浅井 僚眞	東京学芸大学附属高等学校	高1	北原 浩明	小石川中等教育学校	高1
辻 貴文	桐朋高等学校	高1	坂谷 厳	筑波大学附属駒場中学校	中3
永竿 秀晃	筑波大学附属高等学校	高2	米田 優峻	筑波大学附属駒場中学校	中3
馬場 浩平	日比谷高等学校	高3	米内山 匠実	筑波大学附属駒場中学校	中3
木戸 大三郎	開成高等学校	高1	坂倉 智晴	筑波大学附属駒場高等学校	高1
伊藤 峻男	国際基督教大学高等学校	高1	笹木 宏人	筑波大学附属駒場高等学校	高1
菊間 岳拓	西高等学校	高2	山本 幹太	筑波大学附属駒場高等学校	高1
渡邉 侑貴	世田谷学園高等学校	高1	渋谷 優翔	筑波大学附属駒場高等学校	高1
後藤 将人	開成高等学校	高1	有泉 美紗貴	筑波大学附属駒場高等学校	高1
漆原 大喜	麻布高等学校	高2	欧張 沢世	筑波大学附属駒場高等学校	高1
畑 悠貴	桐蔭学園中等教育学校	高1	奥田 大統	筑波大学附属駒場高等学校	高1
金井 智美	豊島岡女子学園高等学校	高2	千葉 遼太郎	筑波大学附属駒場高等学校	高1
浅野 峻樹	早稲田高等学校	高3	池田 侑登	筑波大学附属駒場高等学校	高1
松島 康	武蔵 (都立) 高等学校	高3	國料 明能	筑波大学附属駒場高等学校	高1
髙津 陸哉	開成高等学校	高2	石井 秀俊	筑波大学附属駒場高等学校	高2
吉田 安紀彦	浅野高等学校	高1	小宮 晨一	筑波大学附属駒場高等学校	高2
山本 宜季	小田原高等学校	高2	丹羽 雄哉	筑波大学附属駒場高等学校	高2
宮川 慶大	高等学校卒業	不明	長谷川 瑠偉	筑波大学附属駒場高等学校	高2

松尾 崇弘	筑波大学附属駒場高等学校	高2	中島 琢登	東海高等学校	高2
今村 亮	筑波大学附属駒場高等学校	高2	兒玉 太陽	海陽中等教育学校	高1
田中 泉生	筑波大学附属駒場高等学校	高2	平石 雄大	海陽中等教育学校	中3
羽田 圭吾	筑波大学附属駒場高等学校	高2	竹内 龍之介	刈谷高等学校	高2
北脇 優斗	筑波大学附属駒場高等学校	高2	西川 寛人	明和高等学校	高2
櫻井 徳吾	筑波大学附属駒場高等学校	高2	伊藤 遥来	四日市南高等学校	高2
須田 涼太郎	筑波大学附属駒場高等学校	高2	山下 詞織	洛南高等学校	高2
松下 謙太郎	筑波大学附属駒場高等学校	高2	荻原 怜子	洛南高等学校	高2
山崎 豪士	筑波大学附属駒場高等学校	高2	馬杉 和貴	洛南高等学校附属中学校	中3
山西 博雅	筑波大学附属駒場高等学校	高2	渡部 由佳	洛南高等学校	高2
鈴木 奏和	公文国際学園高等部	高1	川本 真央	洛南高等学校	高2
川原 大樹	聖光学院高等学校	高1	小野 智裕	大阪教育大学附属高等学校池田校舎	高2
小山 功太郎	聖光学院高等学校	高1	上芝 由梨香	洛南高等学校	高1
片山 佳祐	聖光学院高等学校	高2	早川 怜一朗	灘高等学校	高1
永野 寛	栄光学園高等学校	高1	大江 亮輔	大阪星光学院高等学校	高3
兼下 航輔	栄光学園高等学校	高1	木田 康晴	東大寺学園高等学校	高2
梶尾 直哉	栄光学園高等学校	高1	川島 青嶺	灘高等学校	高1
丹羽 亮太朗	栄光学園高等学校	高1	寺尾 樹哉	帝塚山高等学校	高3
竹中 涼	栄光学園高等学校	高1	藤縄 勇雅	灘中学校	中3
箕輪 英介	栄光学園高等学校	高1	松田 拓馬	灘高等学校	高2
菅井 岳琉	栄光学園高等学校	高1	平山 楓馬	灘中学校	中3
若林 晃大	栄光学園高等学校	高1	石田 温也	洛南高等学校附属中学校	中3
吉開 泰裕	栄光学園高等学校	高2	竹林 優	洛星高等学校	高2
佐藤 篤樹	水戸第一高等学校	高2	大町 誠也	高等学校卒業	不明
池上 草玄	船橋高等学校	高1	浅野 早紀	神戸女学院高等学部	高2
牧野 佑樹	浦和高等学校	高1	長谷川 亮太	灘高等学校	高2
藪谷 竜士	戸山高等学校	高2	西野 翔	長田高等学校	高2
上田那義	武蔵高等学校	高1	山野 元暉	灘高等学校	高1
玉木 丞	新潟高等学校	高3	橘 一樹	灘中学校	中3
清森 勇貴	直江津中等教育学校	高2	大森 智仁	帝塚山高等学校	高2
高田 真	富山中部高等学校	高2	瀬戸 友暁	立命館高等学校	高2
森本 瑛二郎	富山中部高等学校	高2	筒井 啓介	大阪星光学院高等学校	高2
中井 智也	高岡高等学校	高1	喜田 輪	初芝富田林高等学校	高2
中道 晃平	小松高等学校	高2	岩田 龍哉	灘高等学校	高1
中村 駿斗	若狭高等学校	高2	西村 佑介	灘高等学校	高2
奥村 優斗	藤島高等学校	高2	荒木 大	灘中学校	中3
増田 和俊	旭丘高等学校	高1	黒木 亮汰	灘高等学校	高2
奥出 琢磨	津島高等学校	高2	安福 舜将	灘高等学校	高2
桑原 優香	南山中学校	中3	倉本 憲明	灘高等学校	高2
加藤 弓貴	岐山高等学校	高1	柴原 一心	灘高等学校	高1
太田 朔哉	浜松西高等学校	高2	杉本 忠明	灘高等学校	高1
浅沼 英樹	東海高等学校	高1	伊藤 大貴	灘高等学校	高1
星野 泰佑	東海高等学校	高1	久保 亮輔	灘高等学校	高1

上野 博也	灘高等学校	高1	千貫 杏介	松江北高等学校		高2
阪本 皓貴	灘高等学校	高2	三木 日耀	岡山朝日高等学校		高1
大上 雅也	灘高等学校	高2	大倉 拓真	岡山朝日高等学校		高2
織田 遥向	灘高等学校	高2	渡邉 雄太	広島大学附属高等学校		高2
伊賀 俊介	灘高等学校	高2	渡辺 直希	広島大学附属高等学校		高1
黒田 直樹	灘高等学校	高2	藤岡 和寛	広島大学附属高等学校		高2
竹下 直樹	灘高等学校	高2	楠元 海斗	広島高等学校		高2
古川 賢	灘高等学校	高2	村田 遼人	広島学院高等学校		高2
川端 悠暉	白陵高等学校	高1	川原 大資	徳島文理高等学校		高1
永尾 太一	白陵高等学校	高1	森口 左近	徳島文理高等学校		高2
眞部 碧	白陵高等学校	高2	阿部 龍	愛光高等学校		高1
小寺 貴大	西大和学園高等学校	高2	小山 賞馨	宇部フロンティア大附香川高等学校		高2
寺井 康徳	西大和学園高等学校	高2	田中 隆聖	久留米大学附設高等学校		高1
古宮 昌典	奈良女子大附属中等教育学校	高2	井上 航	北九州工業高等専門学校		高2
後藤 颯汰	東大寺学園高等学校	高1	藤丸 大翔	唐津東高等学校		高2
西野 拓巳	東大寺学園高等学校	高2	有馬 輝人	久留米大学附設高等学校		高2
中野 博貴	智辯学園和歌山高等学校	高1	井上 博道	久留米大学附設高等学校		高2
安田 圭一朗	智辯学園和歌山高等学校	高1	緒方 拓巳	久留米大学附設高等学校		高2
森島 樹	膳所高等学校	高2	三原 颯真	久留米大学附設高等学校		高2
島本 紀明	桃山高等学校	高2	三好 賢人	久留米大学附設高等学校		高2
瀧脇 迪哲	桃山高等学校	高2	稲垣 慧	久留米大学附設中学校		中3
奈須 隼大	同志社高等学校	高2	桑江 優希	久留米大学附設高等学校		高2
海原 央翔	北野高等学校	高1	永田 章	弘学館高等学校		高2
山口 駿	天王寺高等学校	高3	立川 治樹	佐賀西高等学校		高1
大塩 幹	大阪教育大附属高等学校天王寺校舎	高2	川口 雅貴	諫早高等学校		高1
中島 拓巳	大阪教育大附属高等学校天王寺校舎	高2	白石 尽誠	熊本高等学校		高2
町田 宇弥	神戸高等学校	高1	川﨑 祐輔	熊本高等学校		高1
田中 知哉	神戸高等学校	高1	伊藤 祥生	ラ・サール高等学校		高1
麦 恒輝	神戸高等学校	高1	西 幸太郎	ラ・サール高等学校		高2
赤沢 孔明	神戸高等学校	高1	早川 睦海	宮崎西高等学校		高1
藤原 圭梧	加古川東高等学校	高2	戸高 空	宮崎西高等学校		高1

●第 28 回 日本数学オリンピック本選合格者リスト (24 名)

賞	氏名	所属校	学年	都道府県
川井杯・金賞	松島 康	東京都立武蔵高等学校	高3	東京都
銀賞	馬杉 和貴	洛南高等学校附属中学校	中3	京都府
銅賞	清原 大慈	筑波大学附属駒場高等学校	高2	東京都
銅賞	宿田 彩斗	開成中学校	中3	埼玉県
銅賞	兒玉 太陽	海陽中等教育学校	高1	愛知県
銅賞	黒田 直樹	灘高等学校	高2	兵庫県
優秀賞	坂本 平蔵	筑波大学附属高等学校	高1	東京都
優秀賞	辻 貴文	桐朋高等学校	高1	東京都

優秀賞	玉木 丞	新潟県立新潟高等学校	高3	新潟県
優秀賞	渡部 由佳	洛南高等学校	高2	大阪府
優秀賞	平山 楓馬	灘中学校	中3	兵庫県
優秀賞	渡邉 雄太	広島大学附属高等学校	高2	広島県
優秀賞	渡辺 直希	広島大学附属中学校	中3	広島県
優秀賞	藤井 天守	北嶺高等学校	高2	北海道
優秀賞	新居 智将	開成高等学校	高2	東京都
優秀賞	猪狩 恒貴	開成高等学校	高2	神奈川県
優秀賞	小松 奏晴	開成高等学校	高2	千葉県
優秀賞	田中 泉生	筑波大学附属駒場高等学校	高2	東京都
優秀賞	須田 涼太郎	筑波大学附属駒場高等学校	高2	埼玉県
優秀賞	松下 謙太郎	筑波大学附属駒場高等学校	高2	東京都
優秀賞	清森 勇貴	新潟県立直江津中等教育学校	高2	新潟県
優秀賞	星野 泰佑	東海高等学校	高1	愛知県
優秀賞	早川 睦海	宮崎県立宮崎西高等学校	高1	宮崎県
優秀賞	西川 寛人	愛知県立明和高等学校	高2	愛知県

(以上 24 名．同賞内の配列は受験番号順，学年は 2018 年 3 月現在)

6.2 APMO における日本選手の成績

これまでの JMO 春合宿参加有資格者 42 名のうち 31 名が参加して，平成 30 年 3 月 13 日 (火)(9 時～13 時) に，東京，名古屋，大阪の 3 会場で，APMO 第 14 回国内大会を開催した．その結果，上位 10 名の成績を日本代表の成績として，主催国のメキシコに提出した．

参加各国の成績は，以下のとおりである．

●第 30 回 アジア太平洋数学オリンピック (2018) の結果

国名	参加人数	総得点	金賞	銀賞	銅賞	優秀賞
韓国	10	320	1	2	4	3
アメリカ	10	306	1	2	4	3
日本	10	254	1	2	4	3
シンガポール	10	231	1	2	4	3
カナダ	10	220	1	2	4	3
ロシア	10	210	1	2	4	3
台湾	10	208	1	2	4	3
イラン	10	186	1	2	4	3
タイ	10	185	1	2	4	3
インドネシア	10	173	1	2	4	3
ペルー	10	166	1	2	4	3
オーストラリア	10	165	0	3	4	3
フィリピン	10	153	1	2	4	3
ブラジル	10	148	0	2	5	3
香港	10	145	0	3	4	2
カザフスタン	10	141	0	1	6	3
バングラデシュ	10	135	0	2	5	3
メキシコ	10	132	0	1	6	3
インド	10	123	0	0	7	3
アルゼンチン	10	122	0	2	4	3
マレーシア	10	100	0	2	2	3
サウジアラビア	10	97	0	0	3	7
ニュージーランド	10	88	0	1	3	1
マケドニア	10	85	0	0	2	7
トルクメニスタン	10	85	0	0	2	8
タジキスタン	10	75	0	0	0	10
ボリビア	5	66	0	2	1	1
コロンビア	9	60	0	0	2	3
シリア	10	60	0	0	2	4
キルギス	8	54	0	0	1	5
パキスタン	10	47	0	0	1	1

204　第 6 部　付録

スリランカ	6	40	0	0	0	5
エルサルバドル	4	28	0	0	1	1
ニカラグア	10	24	0	0	0	3
トリニダッド トバコ	10	24	0	0	0	1
パナマ	3	21	0	0	0	3
カンボジア	5	20	0	0	0	1
コスタリカ	10	12	0	0	0	1
グアテマラ	2	7	0	0	0	0
計	352	4716	12	43	109	124
参加国数	39					

●日本選手の得点平均

問題番号	1	2	3	4	5	総計平均
得点平均	7.0	6.9	4.2	5.9	1.4	25.4

● APMO での日本選手の成績

賞	氏名	所属校	学年
金賞	髙谷 悠太	開成高等学校	3 年
銀賞	原 季史	筑波大学附属駒場高等学校	3 年
銀賞	兒玉 太陽	海陽中等教育学校	1 年
銅賞	黒田 直樹	灘高等学校	2 年
銅賞	馬杉 和貴	洛南高等学校附属中学校	中学 3 年
銅賞	早川 睦海	宮崎県立宮崎西高等学校	1 年
銅賞	坂本 平蔵	筑波大学附属高等学校	1 年
優秀賞	窪田 壮児	筑波大学附属駒場高等学校	3 年
優秀賞	西川 寛人	愛知県立明和高等学校	2 年
優秀賞	星野 泰佑	東海高等学校	1 年

(以上 10 名，学年は 2018 年 3 月現在)

　参加者数は 39 ヶ国 352 名であり，日本の国別順位は 3 位であった．国別順位で上位 10 ヶ国は以下の通りである．

1. 韓国，2. アメリカ，3. 日本，4. シンガポール，5. カナダ，6. ロシア，7. 台湾，8. イラン，9. タイ，10. インドネシア

6.3 EGMO における日本選手の成績

●第 7 回イタリア大会 (2018) の結果

氏 名	学 校 名	学年	メダル
渡部 由佳	洛南高等学校	高 3	金
片淵 日向子	桜蔭高等学校	高 3	銀
上芝 由梨香	洛南高等学校	高 2	銅
桑原 優香	南山高等学校女子部	高 1	

　日本の国際順位は，51 ヶ国・地域 (52 チーム) 中 12 位であった．国別順位は，上位より，1. ロシア，2. アメリカ，3. イギリス，4. ポーランド，5. ウクライナ，6. セルビア，7. ハンガリー，メキシコ，9. ルーマニア，10. ベラルーシ，11. カザフスタン，12. 日本，13. ブラジル，14. ブルガリア，15. イスラエル，モンゴル，… の順であった．

6.4 IMO における日本選手の成績

●第 55 回南アフリカ (2014) の結果

氏　名	学　校　名	学年	メダル
山本 悠時	東海高等学校	高3	金
隈部 壮	筑波大学附属駒場高等学校	高3	金
早川 知志	洛星高等学校	高3	金
上芝 隆宏	早稲田高等学校	高3	金
大場 亮俊	筑波大学附属駒場高等学校	高3	銀
井上 卓哉	開成高等学校	高1	銅

日本の国際順位は，101 ヶ国・地域中 5 位であった．国別順位は，上位より，1. 中国，2. アメリカ，3. 台湾，4. ロシア，5. 日本，6. ウクライナ，7. 韓国，8. シンガポール，9. カナダ，10. ベトナム，11. ルーマニア・オーストラリア，13. オランダ，14. 北朝鮮，15. ハンガリー，16. ドイツ，17. トルコ，18. 香港・イスラエル，20. イギリス，21. イラン・タイ，23. カザフスタン・マレーシア・セルビア，⋯ の順であった．

●第 56 回タイ大会 (2015) の結果

氏　名	学　校　名	学年	メダル
青木 孔	筑波大学附属駒場高等学校	高2	銀
髙谷 悠太	開成高等学校	高1	銀
佐伯 祐紀	開成高等学校	高3	銀
的矢 知樹	筑波大学附属駒場高等学校	高3	銅
篠木 寛鵬	灘高等学校	高3	銅
井上 卓哉	開成高等学校	高2	銅

日本の国際順位は，104 ヶ国・地域中 22 位であった．国別順位は，上位より，1. アメリカ，2. 中国，3. 韓国，4. 北朝鮮，5. ベトナム，6. オーストラリア，7. イラン，8. ロシア，9. カナダ，10. シンガポール，11. ウクライナ，12. タイ，

208　第 6 部　付録

13. ルーマニア，14. フランス，15. クロアチア，16. ペルー，17. ポーランド，
18. 台湾，19. メキシコ，20. ハンガリー・トルコ，22. 日本・イギリス・ブラジ
ル，25. カザフスタン，⋯ の順であった．

●第 57 回香港大会 (2016) の結果

氏　名	学　校　名	学年	メダル
髙谷 悠太	開成高等学校	高 2	金
藏田 力丸	灘高等学校	高 3	銀
村上 聡梧	筑波大学附属駒場高等学校	高 3	銀
青木 孔	筑波大学附属駒場高等学校	高 3	銀
松島 康	東京都立武蔵高等学校	高 2	銀
井上 卓哉	開成高等学校	高 3	銅

　日本の国際順位は，109 ヶ国・地域中 10 位であった．国別順位は，上位より，
1. アメリカ，2. 韓国，3. 中国，4. シンガポール，5. 台湾，6. 北朝鮮，7. ロシ
ア・イギリス，9. 香港，10. 日本 ，11. ベトナム，12. タイ・カナダ，14. ハンガ
リー，15. イタリア・ブラジル，17. フィリピン，18. ブルガリア，19. ドイツ，
20. ルーマニア・インドネシア，⋯ の順であった．

●第 58 回ブラジル大会 (2017) の結果

氏　名	学　校　名	学年	メダル
髙谷 悠太	開成高等学校	高 3	金
黒田 直樹	灘高等学校	高 2	金
窪田 壮児	筑波大学附属駒場高等学校	高 3	銀
神田 秀峰	海陽中等教育学校	高 3	銀
岡田 展幸	広島大学附属福山高等学校	高 3	銅
清原 大慈	筑波大学附属駒場高等学校	高 2	銅

　日本の国際順位は，111 ヶ国・地域中 6 位であった．国別順位は，上位より，

1. 韓国，2. 中国，3. ベトナム，4. アメリカ，5. イラン，6. 日本，7. シンガポール・タイ，9. 台湾・イギリス，11. ロシア，12. ジョージア（グルジア）・ギリシャ，14. ベラルーシ・チェコ・ウクライナ，17. フィリピン，18. ブルガリア・イタリア・デンマーク・セルビア，… の順であった．

●第 59 回ルーマニア大会 (2018) の結果

氏 名	学 校 名	学年	メダル
黒田 直樹	灘高等学校	高3	金
清原 大慈	筑波大学附属駒場高等学校	高3	銀
新居 智将	開成高等学校	高3	銀
馬杉 和貴	洛南高等学校	高1	銀
西川 寛人	愛知県立明和高等学校	高3	銅
渡辺 直希	広島大学附属高等学校	高1	銅

日本の国際順位は，107 ヶ国・地域中 13 位であった．国別順位は，上位より，1. アメリカ，2. ロシア，3. 中国，4. ウクライナ，5. タイ，6. 台湾，7. 韓国，8. シンガポール，9. ポーランド，10. インドネシア，11. オーストラリア，12. イギリス，13. 日本・セルビア，15. ハンガリー，16. カナダ，17. イタリア，18. カザフスタン，19. イラン，20. ベトナム，… の順であった．

6.5　2014年～2018年数学オリンピック出題分野

6.5.1　日本数学オリンピック予選

出題分野	(小分野)	年–問題番号	解答に必要な知識
幾何	(初等幾何)	14–1	方べきの定理
		14–4	円周角
		15–2	接弦定理，相似
		15–8	外接円，中線定理
		15–11	面積，円周角の定理，合同
		16–3	円周角の定理
		16–5	合同，面積
		16–8	内接円
		17–1	面積の計算
		17–4	方べきの定理，接弦定理
		17–8	接弦定理，相似比
		17–10	円周角の定理，相似比
		18–3	三平方の定理，面積の計算
		18–6	相似比，三平方の定理
		18–9	接弦定理，正弦定理
	(解析幾何)	14–9	メネラウスの定理
代数	(方程式)	16–7	連立方程式
	(不等式)	15–3	正の整数の不等式
	(数列)	16–11	整数列
		17–6	整数列
		17–7	約数・倍数
		17–9	有限列の並べ替え
		18–8	数列の和の最小値
		18–12	整数列
整数論	(合同式)	14–2	偶数・奇数の判定
		15–10	整数の操作
		16–2	剰余の計算
		16–9	倍数
	(方程式)	18–4	法 (mod) の計算
	(計算)	14–6	互いに素な整数の集合
		14–12	整数の不等式
		15–5	分母の有理化
		15–6	最大公約数
		16–1	有理式の整数化
		14–3	約数，階乗
		15–1	約数，平方数
		17–2	素因数分解
	(整数の表示)	14–8	10 進法での表示による各桁の問題
		18–11	7 進法での表示による桁数の問題
離散数学	(場合の数)	15–4	マス目への書込み

6.5. 2014 年 ~ 2018 年数学オリンピック出題分野　211

	15–7	平面上の直線群
	16–4	長方形の分割
	16–10	円周上の点の距離
	16–12	難問（特別な知識は不要）
	17–3	長方形の分割
	17–11	集合の元の個数
	18–1	ペアとなる数による分類
	18–2	数列を用いた組合せの問題
	18–5	オセロのルールによる並べ方の問題
	18–7	整数を用いた組合せの問題
(組合せ)	14–5, 7	組合せ $_n\mathrm{C}_r$ の計算，グラフでの理解
	15–9	組合せ $_n\mathrm{C}_r$ の計算
	18–10	条件を満たす組合せの数
(確率)	16–6	平均の計算
	17–5	整数を用いた組合せの問題
(方陣，方形)	15–12	マス目の彩色（超難問）
	17–12	辞書式順序
(平面格子)	14–10, 11	条件つきの操作の数え方

212　第 6 部　付録

6.5.2　日本数学オリンピック本選

出題分野	(小分野)	年–問題番号	解答に必要な知識
幾何	(初等幾何)	14–1	外心，角の二等分線
		15–4	内接円，外接円，方べきの定理の逆
		16–2	内接四角形，円周角の定理
		17–3	外接円，円周角の定理
		18–2	外接円，円周角の定理とその逆
	(解析幾何)	14–4	外接円，接線
代数	(不等式)	14–5	コーシー–シュワルツの不等式
	(関数方程式)	16–4	実数上の実数値関数
		18–3	整数の有限集合上の関数
		18–5	関数 $Z \times Z \to Z$，格子点
整数論	(方程式)	14–2	整数の方程式，法 (mod) の計算
		15–1	整数の方程式，公約数
	(合同式)	16–1	約数，素数
		17–1	最小公倍数，最大公約数
		17–5	フェルマーの小定理
	(計算)	18–1	平方数，整数の計算
	(整数列)	15–3	等差数列，倍数
		17–2	帰納的構成
離散数学	(場合の数)	15–2	場合分け，条件付き操作の数え方
		15–5	マス目の彩色
		16–3	無限個の貨幣の取扱い
		17–4	数え上げ
		18–4	無限のマス目
	(グラフ理論)	16–5	都市間の道路の問題をグラフ化
	(組合せ)	14–3	場合分けに留意

6.5. 2014 年 ～ 2018 年数学オリンピック出題分野　213

6.5.3　国際数学オリンピック

出題分野	(小分野)	年–問題番号	解答に必要な知識
幾何	(初等幾何)	14–3	角の二等分線定理，正弦定理
		14–4	相似三角形，外接円
		15–3	外接円，垂心
		15–4	外接円
		16–1	相似三角形，平行線，円周角の定理
		17–4	円周角の定理等
		18–1	平行線，垂直二等分線，二等辺三角形，角の二等分線，円周角の定理，与えられた角に対応する円弧の長さ
		18–6	四角形の内部の点が作る角，相似な三角形の条件，相似な三角形の辺の長さの比，円周角の定理，方べきの定理，円の接線
	(図形の面積)	16–3	ヘロンの公式，座標で与えられる三角形の面積，トレミーの定理
	(直線の交わり方)	16–6	直線の交わり方の組み合わせ論的処理
代数	(方程式)	16–5	2 次関数のグラフ，多項式の大きさの評価
		18–2	数列の漸化式，漸化式をみたす数列の構成，符号の繰り返し
	(関数方程式)	15–5	関数：$f : R \to R$
		17–2	関数の単射性と全射性
	(式の計算)	14–1	数列
整数論	(合同式)	15–2	2 のべき乗
		17–1	mod 3 での計算，無限降下法
	(素因数分解)	16–3	素数で割れるべき数の計算
		16–4	公約数，ユークリッドの互除法，合同式，中国式剰余定理
		17–6	素因数分解，フェルマーの小定理
		18–5	有理数列の和が整数となる時の分子と分母の大きさの評価，素因数分解したときの与えられた素数のべき数の評価
	(その他)	15–6	整数列
組合せ論	(場合の数)	15–1	平面上の点集合
	(組合せ)	14–2	マス目を利用した問題
		16–2	条件をみたす表を作る，条件をみたす表の成分の数を二通りに数える
		17–3	誤差の蓄積
		18–3	三角形に並べた数から数列を選び出す，数列の並べ替え，数列の大きさの評価
		18–4	チェス盤における白いマス目と黒いマス目，チェスのナイトの動き，チェスの盤をナイトの動きに応じて分割する
	(組合せ，ゲーム)	16–6	組み合わせの処理
		14–5	硬貨を用いた問題
	(その他)	14–6	直線による平面の分割
		17–5	条件を満たす列の構成

6.6 記号，用語・定理

6.6.1 記号

$\equiv$	合同
$a \equiv b \pmod{p}$	$a - b$ が p で割れる，a と b とが p を法として等しい．
$a \not\equiv b \pmod{p}$	$a - b$ が p で割れない．
$=$	恒等的に等しい
$[x]$ あるいは $\lfloor x \rfloor$	x を越えない最大整数，ガウス記号
$\lceil x \rceil$	x 以上の最小整数
$\dbinom{n}{k}$, ${}_n\mathrm{C}_k$	二項係数，n 個のものから k 個とる組合せの数
$p \mid n$	p は n を割り切る
$p \nmid n$	p は n を割り切れない
$n!$	n の階乗 $= 1 \cdot 2 \cdot 3 \cdots (n-1)n,\ 0! = 1$
$\displaystyle\prod_{i=1}^{n} a_i$	積 $a_1 a_2 \cdots a_n$
$\displaystyle\sum_{i=1}^{n} a_i$	和 $a_1 + a_2 + \cdots + a_n$
$\circ$	$f \circ g(x) = f[g(x)]$ 合成
$K_1 \cup K_2$	集合 K_1 と K_2 の和集合
$K_1 \cap K_2$	集合 K_1 と K_2 の共通部分集合
$[a, b]$	閉区間，$a \leqq x \leqq b$ である x の集合
(a, b)	開集合，$a < x < b$ である x の集合

6.6.2 用語・定理

●あ行

オイラーの拡張 (フェルマーの定理)　「フェルマーの定理」参照.

オイラーの定理 (三角形の内接円の中心と外接円の中心間の距離 d)

$$d = \sqrt{R^2 - 2rR}$$

ここで r, R は内接円，外接円の半径である.

　重さ付きの相加・相乗平均の不等式　$a_1, a_2, \cdots, a_n$ が n 個の負でない数で，$w_1, w_2,$ $\cdots, w_n$ は重さとよばれる負でない，その和が 1 である数. このとき $\sum_{i=1}^{n} w_i a_i \geqq \prod_{i=1}^{n} a_i^{w_i}$. "=" が成り立つ必要十分条件は $a_1 = a_2 = \cdots = a_n$. 証明はジェンセン (Jensen) の不等式を $f(x) = -\log x$ として用いる.

●か行

　外積　2 つのベクトルのベクトル積 $\boldsymbol{x} \times \boldsymbol{y}$, 「ベクトル」参照.

　幾何級数　「級数」参照.

　幾何平均　「平均」参照.

　行列式 (正方行列 M の) $\det M$　M の列 $C_1, \cdots, C_n$ に関する次のような性質をみたす多重線形関数 $f(C_1, C_2, \cdots, C_n)$ である.

$$f(C_1, C_2, \cdots, C_i, \cdots, C_j, \cdots, C_n)$$
$$= -f(C_1, C_2, \cdots, C_j, \cdots, C_i, \cdots, C_n)$$

また $\det I = 1$ である. 幾何学的には，$\det(C_1, C_2, \cdots, C_n)$ は原点を始点とするベクトル $C_1, C_2, \cdots, C_n$ よりできる平行 n 次元体の有向体積である.

　逆関数　$f : X \to Y$ が逆写像 f^{-1} をもつとは，f の値域の任意の点 y に対して $f(x) = y$ となる領域の点 x が一意に存在することであり，このとき $f^{-1}(y) = x$ であり，かつ $f^{-1} \circ f$, $f \circ f^{-1}$ は恒等写像である.「合成」参照.

　既約多項式　恒等的にゼロでない多項式 $g(x)$ が体 F の上で既約であるとは，$g(x) = r(x)s(x)$ と分解できないことである. ここで $r(x), s(x)$ は F 上の正の次数の多項式である. たとえば $x^2 + 1$ は実数体の上では既約であるが，$(x+i)(x-i)$ となり，複素数体の上では既約でない.

　級数　算術級数 $\sum_{j=1}^{n} a_j, a_{j+1} = a_j + d$. d は公差. 幾何級数 $\sum_{j=0}^{n-1} a_j, a_{j+1} = r a_j$. r は公比.

216   第 6 部　付録

級数の和

── の線形性

$$\sum_k [aF(k) + bG(k)] = a \sum_k F(k) + b \sum_k G(k)$$

── の基本定理 (望遠鏡和の定理)

$$\sum_{k=1}^{n} [F(k) - F(k-1)] = F(n) - F(0)$$

F をいろいろ変えて以下の和が得られる.

$$\sum_{k=1}^{n} 1 = n, \quad \sum_{k=1}^{n} k = \frac{1}{2}n(n+1), \quad \sum_{k=1}^{n} k^2 = \frac{1}{6}n(n+1)(2n+1),$$

$$\sum_{k=1}^{n} [k(k+1)]^{-1} = 1 - \frac{1}{n+1},$$

$$\sum_{k=1}^{n} [k(k+1)(k+2)]^{-1} = \frac{1}{4} - \frac{1}{2(n+1)(n+2)}.$$

幾何級数の和　$\sum_{k=1}^{n} ar^{k-1} = a(1 - r^n)/(1 - r)$. 上記参照.

$$\sum_{k=1}^{n} \cos 2kx = \frac{\sin nx \cos(n+1)x}{\sin x}, \quad \sum_{k=1}^{n} \sin 2kx = \frac{\sin nx \sin(n+1)x}{\sin x}$$

行列　数を正方形にならべたもの (a_{ij}).

コーシー—シュワルツの不等式　ベクトル $\boldsymbol{x}, \boldsymbol{y}$ に対して $|\boldsymbol{x} \cdot \boldsymbol{y}| < |\boldsymbol{x}||\boldsymbol{y}|$, 実数 x_i, y_i, $i = 1, 2, \cdots, n$ に対して

$$|x_1 y_1 + x_2 y_2 + \cdots + x_n y_n| \leqq \left(\sum_{i=1}^{n} x_i{}^2 \right)^{1/2} \left(\sum_{i=1}^{n} y_i{}^2 \right)^{1/2}$$

等号の成り立つ必要十分条件は $\boldsymbol{x}, \boldsymbol{y}$ が同一線上にある, すなわち $x_i = ky_i$, $i = 1, 2, \cdots, n$. 証明は内積の定義 $\boldsymbol{x} \cdot \boldsymbol{y} = |\boldsymbol{x}||\boldsymbol{y}| \cos(\boldsymbol{x}, \boldsymbol{y})$ または二次関数 $q(t) = \sum(y_i t - x_i{}^2)$ の判別式より.

根　方程式の解.

根軸 (同心でない 2 つの円の ──)　2 つの円に関して方べきの等しい点の軌跡 (円が交わるときには共通弦を含む直線である).

根心 (中心が一直線上にない 3 つの円の ──)　円の対の各々にたいする 3 つの根軸の交点.

合成 (関数の ──)　関数 f, g で f の値域は g の領域であるとき, 関数 $F(x) = f \circ g(x) = f[g(x)]$ を f, g の合成という.

合同 $a \equiv b \pmod{p}$　"a は p を法として b と合同である" とは $a - b$ が p で割りきれることである.

●さ行

三角恒等式

$$\left.\begin{array}{l} \sin(x \pm y) = \sin x \cos y \pm \sin y \cos x \\ \cos(x \pm y) = \cos x \cos y \mp \sin x \sin y \end{array}\right\} \qquad \text{(加法公式)}$$

$$\sin nx = \cos^n x \left\{ \binom{n}{1} \tan x - \binom{n}{3} \tan^3 x + \cdots \right\}$$

ド・モアブルの定理より

$$\cos nx = \cos^n x \left\{ 1 - \binom{n}{2} \tan^2 x + \binom{n}{4} \tan^4 x - \cdots \right\},$$

$$\sin 2x + \sin 2y + \sin 2z - \sin 2(x+y+z)$$
$$= 4 \sin(y+z) \sin(z+x) \sin(x+y),$$

$$\cos 2x + \cos 2y + \cos 2z + \cos 2(x+y+z)$$
$$= 4 \cos(y+z) \cos(z+x) \cos(x+y),$$

$$\sin(x+y+z) = \cos x \cos y \cos z (\tan x + \tan y + \tan z - \tan x \tan y \tan z),$$

$$\cos(x+y+z) = \cos x \cos y \cos z (1 - \tan y \tan z - \tan z \tan x - \tan x \tan y)$$

三角形の等周定理　面積が一定のとき，正三角形が辺の長さの和が最小な三角形である.

ジェンセン (Jensen) の不等式　$f(x)$ は区間 I で凸で，$w_1, w_2, \cdots, w_n$ は和が 1 である任意の負でない重さである.

$$w_1 f(x_1) + w_2 f(x_2) + \cdots + w_n f(x_n) > f(w_1 x_1 + w_2 x_2 + \cdots + w_n x_n)$$

が I のすべての x_i にたいして成り立つ.

シュアーの不等式　実数 $x, y, z, n \geqq 0$ に対して

$$x^n(x-y)(x-z) + y^n(y-z)(y-x) + z^n(z-x)(z-y) \geqq 0$$

周期関数　$f(x)$ はすべての x で $f(x+a) = f(x)$ となるとき周期 a の周期関数という.

巡回多角形　円に内接する多角形.

斉次　$f(x, y, z, \cdots)$ が次数が k の斉次式であるとは，

$$f(tx, ty, tz, \cdots) = t^k f(x, y, z, \cdots).$$

線形方程式系が斉次とは，各方程式が $f(x, y, z, \cdots) = 0$ の形で f は次数 1 である.

零点 (関数 $f(x)$ の ―)　$f(x) = 0$ となる点 x.

相加・相乗・調和平均の不等式　$a_1, a_2, \cdots, a_n$ が n 個の負でない数であるとき，

$$\frac{1}{n} \sum_{i=1}^{n} a_i \geqq \sqrt[n]{a_1 \cdots a_i \cdots a_n} \geqq \left(\frac{1}{n} \sum_{i=1}^{n} \frac{1}{a_i} \right)^{-1}, \quad (a_i > 0)$$

218　第 6 部　付録

"=" の成り立つ必要十分条件は $a_1 = a_2 = \cdots = a_n$.

　相似変換　相似の中心という定点からの距離を一定, $k \neq 0$ 倍する平面あるいは空間の変換である. この変換 (写像) は直線をそれと平行な直線へ写し, 中心のみが不動点である. 逆に, 任意の 2 つの相似図形の対応する辺が平行であれば, 一方を他方へ写す相似変換が存在する. 対応する点を結ぶ直線はすべて中心で交わる.

●た行

　チェバの定理　三角形 ABC で直線 BC 上に点 D を, 直線 CA 上に点 E を, 直線 AB 上に点 F をとる. もし直線 AD, BE, CF が 1 点で交われば (i) $BD \cdot CE \cdot AF = DC \cdot EA \cdot FB$ である. 逆に (i) が成り立つとき直線 AD, BE, CF は 1 点で交わる.

　中国剰余定理　$m_1, m_2, \cdots, m_n$ が正の整数でどの 2 つの対をとってもそれらは互いに素で, $a_1, a_2, \cdots, a_n$ は任意の n 個の整数である. このとき合同式 $x \equiv a_i \pmod{m_i}$, $i = 1, 2, \cdots, n$ は共通の解をもち, どの 2 つの解も $m_1 m_2 \cdots m_n$ を法として合同である.

　調和平均　「平均」参照.

　ディリクレの原理　「鳩の巣原理」を参照.

　凸関数　関数 $f(x)$ が区間 I で凸であるとは, I の任意の 2 点 x_1, x_2 と負でない任意の重み w_1, w_2 $(w_1 + w_2 = 1)$ に対して $w_1 f(x_1) + w_2 f(x_2) > f(w_1 x_1 + w_2 x_2)$ が成り立つことである. 幾何学的には $(x_1, f(x_1))$ と $(x_2, f(x_2))$ の間の f のグラフがその 2 点を結ぶ線分の下にあることである. 以下の重要事項が成り立つ.

　(1) $w_1 = w_2 = \dfrac{1}{2}$ で上の不等式をみたす連続関数は凸である.

　(2) 2 階微分可能な関数が凸である必要十分条件は $f''(x)$ がその区間の中で負でないことである.

　(3) 微分可能な関数のグラフはその接線の上にある. さらに「ジェンセン (Jensen) の不等式」を参照せよ.

　凸集合　点集合 S が凸であるとは, S の任意の 2 点の点対 P, Q を結ぶ線分 PQ 上のすべての点が S の点であることである.

　凸包 (集合 S の)　S を含むすべての凸集合の共通部分集合.

　ド・モアブルの定理　$(\cos\theta + i\sin\theta)^n = \cos n\theta + i\sin n\theta$

●な行

　二項係数

$$\binom{n}{k} = \frac{n!}{k!(n-k)!} = \binom{n}{n-k} = (1+y)^n \text{の展開式の } y^k \text{の係数}$$

また,

$$\binom{n+1}{k+1} = \binom{n}{k+1} + \binom{n}{k}$$

二項定理

$$(x+y)^n = \sum_{k=0}^{n} \binom{n+1}{k} x^{n-k} y^k$$

ここで $\binom{n+1}{k}$ は二項係数.

●は行

鳩の巣原理 (ディリクレの箱の原理)　n 個のものが $k < n$ 個の箱に入ると, $\left\lfloor \dfrac{n}{k} \right\rfloor$ 個以上のものが入っている箱が少なくとも 1 つ存在する.

フェルマーの定理　p が素数のとき, $a^p \equiv a \pmod{p}$.

── **オイラーの拡張**　m が n に相対的に素であると, $m^{\phi(n)} \equiv 1 \pmod{n}$. ここでオイラーの関数 $\phi(n)$ は n より小で n と相対的に素である正の整数の個数を示す. 次の等式が成り立つ.

$$\phi(n) = n \prod \left(1 - \frac{1}{p_j}\right)$$

ここで p_j は n の相異なる素の因数である.

複素数　$x + iy$ で示される数. ここで x, y は実数で $i = \sqrt{-1}$.

平均 (n 個の数の ──)

$$\text{算術平均} = \text{A.M.} = \frac{1}{n} \sum_{i=1}^{n} a_i,$$

$$\text{幾何平均} = \text{G.M.} = \sqrt[n]{a_1 a_2 \cdots a_n}, \quad a_i \geqq 0,$$

$$\text{調和平均} = \text{H.M.} = \left(\frac{1}{n} \sum_{i=1}^{n} \frac{1}{a_i}\right)^{-1}, \quad a_i > 0,$$

$$\text{A.M.–G.M.–H.M. 不等式}: \quad \text{A.M.} \geqq \text{G.M.} \geqq \text{H.M.}$$

等号の必要十分条件は, n 個の数がすべて等しいこと.

べき平均

220　第6部　付録

$$P(r) = \left(\frac{1}{n}\sum_{i=1}^{n}a_i{}^r\right)^{1/r}, \quad a_i > 0, \quad r \neq 0, \quad |r| < \infty$$

特別の場合：$P(0) =$ G.M., $P(-1) =$ H.M., $P(1) =$ A.M.

$P(r)$ は $-\infty < r < \infty$ 上で連続である．すなわち

$$\lim_{r \to 0} P(r) = \left(\prod a_i\right)^{1/n},$$

$$\lim_{r \to -\infty} P(r) = \min(a_i),$$

$$\lim_{r \to \infty} P(r) = \max(a_i).$$

べき平均不等式　$-\infty \leqq r < s < \infty$ に対して $P(r) \leqq P(s)$．等号の必要十分条件はすべての a_i が等しいこと．

ベクトル　順序付けられた n 個の実数の対 $\boldsymbol{x} = (x_1, x_2, \cdots, x_n)$ を n 次元ベクトルという．実数 a との積はベクトル $a\boldsymbol{x} = (ax_1, ax_2, \cdots, ax_n)$．2 つのベクトル $\boldsymbol{x}$ と $\boldsymbol{y}$ の和ベクトル $\boldsymbol{x} + \boldsymbol{y} = (x_1 + y_1, x_2 + y_2, \cdots, x_n + y_n)$（加法の平行四辺形法則，加法の三角形法則）．

内積 $\boldsymbol{x} \cdot \boldsymbol{y}$ は，幾何学的には $|\boldsymbol{x}||\boldsymbol{y}|\cos\theta$，ここで $|\boldsymbol{x}|$ は $\boldsymbol{x}$ の長さで，θ は 2 つのベクトル間の角である．代数的には $\boldsymbol{x} \cdot \boldsymbol{y} = x_1 y_1 + x_2 y_2 + \cdots + x_n y_n$ で $|\boldsymbol{x}| = \sqrt{\boldsymbol{x} \cdot \boldsymbol{x}} = \sqrt{x_1{}^2 + x_2{}^2 + \cdots + x_n{}^2}$．3 次元空間 E では，ベクトル積 $x \times y$ が定義される．幾何学的には x と y に直交し，長さ $|\boldsymbol{x}||\boldsymbol{y}|\sin\theta$ で向きは右手ネジの法則により定まる．代数的には $\boldsymbol{x} = (x_1, x_2, x_3)$ と $\boldsymbol{y} = (y_1, y_2, y_3)$ の外積はベクトル $\boldsymbol{x} \times \boldsymbol{y} = (x_2 y_3 - x_3 y_2, x_3 y_1 - x_1 y_3, x_1 y_2 - x_2 y_1)$．幾何的定義から三重内積 $\boldsymbol{x} \cdot \boldsymbol{y} \times \boldsymbol{z}$ は $\boldsymbol{x}, \boldsymbol{y}$ と $\boldsymbol{z}$ がつくる平行六面体の有向体積であり，

$$\boldsymbol{x} \cdot \boldsymbol{y} \times \boldsymbol{z} = \begin{vmatrix} x_1 & x_2 & x_3 \\ y_1 & y_2 & y_3 \\ z_1 & z_2 & z_3 \end{vmatrix} = \det(\boldsymbol{x}, \boldsymbol{y}, \boldsymbol{z}).$$

「行列」参照．

ヘルダーの不等式　a_i, b_i は負でない数であり，p, q は $\dfrac{1}{p} + \dfrac{1}{q} = 1$ である正の数である．すると

$$a_1 b_1 + a_2 b_2 + \cdots + a_n b_n$$

$$< (a_1{}^p + a_2{}^p + \cdots + a_n{}^p)^{1/p}(b_1{}^q + b_2{}^q + \cdots + b_n{}^q)^{1/q}.$$

ここで等号となる必要十分条件は $a_i = kb_i$, $i = 1, 2, \cdots, n$．

コーシー–シュワルツの不等式は $p = q = 2$ の特別な場合になる．

ヘロンの公式　辺の長さが a, b, c である三角形 ABC の面積 [ABC]．

$$[ABC] = \sqrt{s(s-a)(s-b)(s-c)}$$

ここで $s = \dfrac{1}{2}(a+b+c)$.

傍接円　1 辺の内点と 2 辺の延長上の点に接する円.

●ま行

メネラウスの定理　三角形 ABC の直線 BC, CA, AB 上の点をそれぞれ D, E, F とする. 3 点 D, E, F が一直線上にある必要十分条件は BD · CE · AF = −DC · EA · FB.

●や行

ユークリッドの互除法 (ユークリッドのアルゴリズム)　2 つの整数 $m > n$ の最大公約数 GCD を求める繰り返し除法のプロセス. $m = nq_1 + r_1$, $q_1 = r_1 q_2 + r_2$, $\cdots$, $q_k = r_k q_{k+1} + r_{k+1}$. 最後の 0 でない剰余が m と n の GCD である.

6.7 参考書案内

● 『math OLYMPIAN』(数学オリンピック財団編)

年3回発行 (5月，7月，10月).

内容：前年度 JMO, APMO, IMO の問題と解答の紹介や，初級・上級レベル
の模試問題など数学オリンピック関連の問題が出題されます (解答は次号に出
ます). JMO 受験申込者に，当該年度の3冊を発行ごとに無料でお送りします.
現在は，年1回10月に発行しています.

以下の本は，発行元または店頭でお求めください.

[1] 『数学オリンピック 2014〜2018』(2018年9月発行)，数学オリンピック
財団編，日本評論社.

　　内容：2014年から2018年までの日本予選，本選，APMO (2018年)，
　　EGMO (2018年)，IMO の全問題 (解答付) 及び日本選手の成績.

[2] 『数学オリンピック教室』，野口廣著，朝倉書店.

[3] 『ゼロからわかる数学 — 数論とその応用』，戸川美郎著，朝倉書店.

[4] 『幾何の世界』，鈴木晋一著，朝倉書店.

シリーズ数学の世界 ([2][3][4]) は，JMO 予選の入門書です.

[5] 『数学オリンピック事典 — 問題と解法 —』，朝倉書店.

　　内容：国際数学オリンピック (IMO) の第1回 (1960年) から第40回
　　(2000年) までの全問題と解答，日本数学オリンピック (JMO) の1989年
　　から2000年までの全問題と解答及びその他アメリカ，旧ソ連等の数学オ
　　リンピックに関する問題と解答の集大成です.

[6] 『数学オリンピックへの道1：組合せ論の精選102問』，小林一章，鈴木
晋一監訳，朝倉書店.

[7] 『数学オリンピックへの道2：三角法の精選103問』，小林一章，鈴木晋
一監訳，朝倉書店.

[8] 『数学オリンピックへの道3：数論の精選104問』，小林一章，鈴木晋一
監訳，朝倉書店.

　　内容：シリーズ数学オリンピックへの道 ([6][7][8]) は，アメリカ合衆国

の国際数学オリンピックチーム選手団を選抜すべく開催される数学オリンピック夏期合宿プログラム (MOSP) において，練習と選抜試験に用いられた問題から精選した問題集です．組合せ数学・三角法・初等整数論の 3 分野で，いずれも日本の中学校・高等学校の数学ではあまり深入りしない分野です．

[**9**] 『獲得金メダル！ 国際数学オリンピック — メダリストが教える解き方と技』，小林一章監修，朝倉書店．

内容：本書は，IMO 日本代表選手に対する直前合宿で使用された教材をもとに，JMO や IMO に出題された難問の根底にある基本的な考え方や解法を，IMO の日本代表の OB 達が解説した参考書です．

[**10**] 『平面幾何パーフェクト・マスター — めざせ，数学オリンピック』，鈴木晋一編著，日本評論社．

[**11**] 『初等整数パーフェクト・マスター — めざせ，数学オリンピック』，鈴木晋一編著，日本評論社．

[**12**] 『代数・解析パーフェクト・マスター — めざせ，数学オリンピック』，鈴木晋一編著，日本評論社．

内容：[10][11][12] は，日本をはじめ，世界中の数学オリンピックの過去問から精選した良問を，基礎から中級・上級に分類して提供する問題集となっています．

6.8　第29回日本数学オリンピック募集要項
(第60回国際数学オリンピック日本代表選手候補選抜試験)

　国際数学オリンピック (IMO) イギリス大会 (2019年7月) の日本代表選手候補を選抜する第29回 JMO を行います．また，この受験者の内の女子は，ヨーロッパ女子数学オリンピック (EGMO) の選抜も兼ねています．奮って応募してください．

　●**応募資格**　2019年1月時点で大学教育 (またはそれに相当する教育) を受けていない20歳未満の者．但し，IMO 代表資格は，日本国籍を有する高校2年生以下の者とする．

　●**試験内容**　前提とする知識は，世界各国の高校程度で，整数問題，幾何，組合せ，式変形等の問題が題材となります．(微積分，確率統計，行列は範囲外です．)

　●**受験料**　4,000円 (納付された受験料は返還いたしません．)
申込者には，math OLYMPIAN 2018年度版を送付します．

　●**申込方法**
(1) **個人申込**　2018年6月1日〜10月31日の間に，郵便局の青色の郵便振替「払込取扱票」に下記事項を楷書で記入し，受験料を添えて申し込んでください．記入漏れにご注意ください．

口座番号：00170-7-556492

加入者名：(公財) 数学オリンピック財団

通信欄：学校名，学年，生年月日，性別，受験希望地

払込人欄：郵便番号，住所，氏名 (フリガナ)，電話番号

(2) **学校一括申込**　2018年6月1日〜9月30日の間に申し込んでください．
　一括申込の場合は，JMO は4,000円から JMO と JJMO を合わせた人数で以下のように割り引きます．

- 5 人以上 20 人未満 $\Longrightarrow$ 1 人 500 円引き.
- 20 人以上 50 人未満 $\Longrightarrow$ 1 人 1,000 円引き.
- 50 人以上 $\Longrightarrow$ 1 人 1,500 円引き.

一括申込方法は，数学オリンピック財団のホームページをご覧ください.

●選抜方法と選抜日程および予定会場

▶▶ 日本数学オリンピック (JMO) 予選

日時　2019 年 1 月 14 日 (月: 成人の日) 午後 1:00〜4:00

受験地　各都道府県. 受験地は，数学オリンピック財団のホームページをご覧ください.

選抜方法　3 時間で 12 問の解答のみを記す筆記試験を行います.

結果発表　2 月上旬までに成績順に A ランク，B ランク，C ランクとして本人に通知します. A ランク者は，数学オリンピック財団のホームページ等に掲載し，表彰します.

地区表彰　財団で定めた地区割りで，成績順に応募者の約 1 割 (A ランク者を含め) に入る B ランク者を，地区別 (受験会場による) に表彰します.

▶▶ 日本数学オリンピック (JMO) 本選

日時　2019 年 2 月 11 日 (月: 建国記念の日)　午後 1:00〜5:00

選抜方法　予選 A ランク者に対して，4 時間で 5 問の記述式筆記試験を行います.

結果発表　2 月下旬，JMO 受賞者 (上位 20 名前後) を発表し，「代表選考合宿 (春の合宿)」に招待します.

表彰　「代表選考合宿 (春の合宿)」期間中に JMO 受賞者の表彰式を行います. 優勝者には，川井杯を授与します. また，受賞者には，賞状・副賞等を授与します.

●合宿 (代表選考合宿)

春 (2019 年 3 月下旬) に合宿を行います. この「代表選考合宿」後に，IMO

226　第 6 部　付録

日本代表選手候補 6 名を決定します.
　場所：国立オリンピック記念青少年総合センター (予定).

　●**特典**　JMO での成績優秀者には，大学の特別推薦入試などでの特典を利用することができます．詳しくは，当財団のホームページをご覧になるか，または，特別推薦入試実施の大学へお問い合わせください.

　公益財団法人数学オリンピック財団
　　　TEL 03-5272-9790　　FAX 03-5272-9791
　　　URL http://www.imojp.org/

本書の著作権は公益財団法人数学オリンピック財団に帰属します.
本書の一部または全部を複写・複製することは，法律で認められ
た場合を除き，著作権者の権利の侵害になります.

公益財団法人数学オリンピック財団

〒160-0022 東京都新宿区新宿 7-26-37-2D

Tel 03-5272-9790， Fax 03-5272-9791

数学オリンピック 2014 〜 2018

2018 年 9 月 10 日　第 1 版第 1 刷発行

監　修	(公財) 数学オリンピック財団
発行者	串崎　浩
発行所	株式会社 日本評論社
	〒 170-8474 東京都豊島区南大塚 3-12-4
	電話 (03)3987-8621 [販売]
	(03)3987-8599 [編集]
印　刷	三美印刷
製　本	難波製本
装　幀	海保　透

JCOPY 〈(社) 出版者著作権管理機構 委託出版物〉

本書の無断複写は著作権法上での例外を除き禁じられています. 複写される
場合は，そのつど事前に，(社) 出版者著作権管理機構 (電話 03-3513-6969,
FAX 03-3513-6979, e-mail: info@jcopy.or.jp) の許諾を得てください.
また，本書を代行業者等の第三者に依頼してスキャニング等の行為により
デジタル化することは，個人の家庭内の利用であっても，一切認められて
おりません.

ⓒ (公財) 数学オリンピック財団

Printed in Japan　　　　　　　　　　　ISBN 978-4-535-78880-0

世界の数学オリンピック

安藤哲哉／著

国際数学オリンピック（IMO）の参加選手たちを選抜した世界各地の国内大会や地域オリンピックの概要と過去問を初めて紹介した。オリンピックの全体像がわかる。各章に演習問題を付けた。

第1章　ハンガリーの数学オリンピック
第2章　ルーマニアの数学オリンピック
第3章　ソ連・ロシアの数学オリンピック
第4章　東欧諸国の数学オリンピック
第5章　西欧諸国の数学オリンピック
第6章　アメリカ・カナダの数学オリンピック
第7章　アジア諸国の数学オリンピック
第8章　中南米・オセアニアの数学オリンピック
第9章　アフリカその他の数学オリンピック
第10章　地域数学オリンピック
第11章　国際科学オリンピック
第12章　日本の数学オリンピック
第13章　演習問題解答

◆ISBN978-4-535-78391-1／A5判／本体1900円＋税

完全攻略 数学オリンピック［増補版］

秋山 仁＋ピーター・フランクル／共著

数学オリンピック対策の定番。視覚化、対称性、場合分けなどのIMOの問題以外にも有力な戦略篇、分野別に問題を整理した実践篇に、演習篇（1日3題からなる模擬試験）と基礎知識をまとめた知識篇を増補。

戦略篇(規則性の発見・情報の視覚化・同値な問題へのすりかえ・対称性の活用・議論の展開法・論点の設定法・間接的証明法・有効な場合分け・存在命題の証明の仕方・全称命題の証明の仕方)
実践篇(代数・幾何・解析・組合せ論)
演習篇
知識篇(幾何・解析・代数・組合せ論)

◆ISBN978-4-535-78320-1／A5判／本体2200円＋税

日本評論社　　　　http://www.nippyo.co.jp/